# 舍得

## 经营人生的智慧

文德 编著

中国华侨出版社
北京

# 前言

著名作家贾平凹说："会活的人，或者说取得成功的人，其实懂得了两个字：舍得。不舍不得，小舍小得，大舍大得。"树舍灿烂夏花，得华实秋果；鸣蝉舍弃外壳，得自由高歌；壁虎临危弃尾，得生命保全；雄蜘蛛舍命求爱，得繁衍生息；溪流舍弃自我，得以汇入江海；凤凰舍其生命，得以涅槃重生；人舍墨守成规，得别具一格；舍人云亦云，得独辟蹊径。可见，只有懂得了舍得的人生大智慧，才能够将自己的人生经营得有声有色，拥有成功而幸福的生活，从而活得精彩、活得快乐。

人生就是一个舍与得的过程，人们常常面临着舍与得的考验，"得"是本事，"舍"是学问，正如一位高僧所说的："舍得，舍得，有舍才有得！"关于舍得，佛家认为，舍就是得，得就是舍，如同"色即是空、空即是色"一样；道家认为，舍就是无为，得就是有为，即所谓"无为而无不为"；儒家认为，舍恶以得仁，舍欲而得圣；而在现代人眼里"舍"就是放下，"得"就是成果。其实，懂得舍与得的智慧和尺度，就懂得了人生的真谛。我们需要通过"取舍"来丰富人生，在"舍得"中体现智慧，在"舍得"后感悟人生。

舍与得是一种哲学，更是一种处世的艺术。我们生活的世界原本纷繁复杂，很多东西在追求和面对的时候，需要我们不断地去选择，去割舍。大部分时候，鱼和熊掌不可兼得，在得与失当中想要做出正确的选择，是一件艰难而痛苦的事，所以，需要我们以"看开、放下、平和、淡然"的良好心态来面对。其实，人要有所得，必要有所失，只有学会舍，才会有得，才有可能登上人生的巅峰。舍和得的关系，就如因和果，因果是紧密相连的。舍，并不是全部舍掉，而是舍掉那些沉重的、让你走不远的负累，留下那些轻快的、灵性的美好，从而让你闪耀着含蓄、内敛、从容的光芒。

舍与得是一种精神，更是一种对生活的领悟。有人说，世上从来没有命定的不幸，只有死不放手的执着。患得者得不到，患失者必失去。只有舍掉无谓的执着，才能得到新的观念、新的思维；只有放下不切实际的妄想，轻松上路，你才有机会比别人跑得快，才有体力比别人跑得远。人生充满变数，所以人生必然是一个不断选择、不断获得与失去的过程，如果没有乐观豁达的心态，那么不管是多么幸运的人，都不会拥有真正完美快乐的人生。人不可能永远只是获得，而从不失去，珍惜现拥有的，就是一种最好的生活方式。

# 目录

## 第一章 舍得：成就人生的处世艺术

"舍"只是"得"的另一个名字 / 2
存心舍弃，会有加倍的收获 / 3
舍得舍得，舍和得永远不分开 / 5
舍与得之间，你需要一颗平常心 / 8
量力而行，舍弃才能得到 / 10
不能舍，只好在泥里团团转 / 12

## 第二章 大舍大得：树舍灿烂夏花，得华实秋果

盘小不是问题，有气魄就能钓到"大鱼" / 16
宁可在尝试中失败，也不在保守中成功 / 19
当别人都在努力向前时，你不妨倒回去 / 22
要大智慧，不要小聪明 / 25
失信者失去的是人心 / 28

商中行善，往往会一举两得 / 31

花大钱抢占黄金宝地 / 33

## 第三章 小舍小得：你投人以木瓜，人报你以琼瑶

风光不可占尽，宜分他人一杯羹 / 38

情谊之花，需时时浇灌 / 40

锦上添花不如雪中送炭 / 42

感情越积越深，情义之路越走越长 / 44

留有余地是一种理智的人生策略 / 46

容人小过，不念旧恶 / 50

## 第四章 先舍后得：将欲取之，必先予之

善因得善果，先予而后取 / 55

敢于吃亏，天地更宽 / 56

以小博大，重在积累 / 59

主动让利，追求长远利益 / 61

## 第五章 放下不必要的负累,人生才能走得更远

别让欲望成为心灵的陷阱 / 65

铅华洗尽,才有持久的美丽 / 68

知止是一种人生智慧 / 70

太忙碌,会错失身边的风景 / 73

给幸福的生活脱去复杂的洋装 / 75

让都市人的心灵回归简单 / 77

## 第六章 你给生活好意境,生活才会给你好风景

生活如镜,给它以微笑,它必将报你以微笑 / 81

回不到昨天,却能过好今天 / 83

你所拥有的,才是真正的财富 / 85

跨越吝啬的樊篱,与幸福同在 / 88

舍弃没有意义的抱怨,让自己快乐起来 / 90

学会放弃,才能更好地生活 / 93

合理调整期望值 / 95

舍得分享,有利于改善我们的生存环境 / 98

## 第七章 快乐不在于拥有的多,而在于计较的少

世上本无事,庸人自扰之 / 102

世上没有任何事情是值得忧虑的 / 104

人生的快乐不在于拥有得多,而在于计较得少 / 106

放开自己,不纠结于已失去的 / 108

睁一只眼闭一只眼,对小事不予计较 / 110

且咽一口气,内心的格局便明朗了 / 112

难得糊涂是良训,做人不要太较真 / 114

## 第八章 职场的第一法则是先付出后收获

舍得投入,职场的充电投资"经" / 118

放弃忠诚就等于放弃成功 / 121

对自己的期望要比老板对你的期望更高 / 123

比别人多做一点,收获大不同 / 125

理解同事能够增加好感 / 128

尽职尽责是晋升的跳板 / 130

## 第九章 舍掉井底之蛙的陋格,才能与成功相遇

学以致用,走好成功第一步 / 134
跨越自己给自己设的樊篱 / 135
不要因为失意而放弃追求成功的理想 / 138
在追逐梦想的道路上,必须学会舍弃一些眼前利益 / 140
成功不能只看眼前 / 142
好运气,等不来就去创造 / 144
及早认输,下次还有赢的机会 / 147
过去的功劳簿是埋葬今日的坟墓 / 149
归零就是一种在低位思考高位的理智心态 / 152

## 第十章 你给爱人珍惜的态度,爱人才会给你爱的温度

舍得间懂得珍惜眼前人 / 157
犹豫是爱情的天敌,面对爱要勇敢地追求 / 160
你无法挑到"最优"的结婚对象 / 163
婚姻还是要"门当户对" / 165
不要在家里和办公室里想同样的问题 / 167

甜言蜜语，正确选用可有效传情达意 / 169
以柔克刚，该示弱时就示弱 / 172
别把对方的爱视为理所当然，爱需要相互付出 / 175

# 第一章

## 舍得：成就人生的处世艺术

## "舍"只是"得"的另一个名字

执着地对待生活，紧紧地把握生活，但又不能抓得过死，松不开手。人生这枚硬币，其反面正是那悖论的另一要旨：我们必须接受"失去"，学会放弃。

国王有5个女儿，这5位美丽的公主是国王的骄傲。她们那一头乌黑亮丽的长发远近皆知，所以国王送给她们每人10个漂亮的发卡。

有一天早上，大公主醒来，一如往常地用发卡整理她的秀发，却发现少了一个发卡，于是她偷偷地到二公主的房里，拿走了一个发卡。

当二公主发现自己少了一个发卡，便到三公主房里拿走一个发卡；三公主发现少了一个发卡，也如法炮制地拿走四公主的一个发卡；四公主只好拿走五公主的发卡。

于是，最小的公主的发卡只剩下9个。

隔天，邻国英俊的王子忽然来到皇宫，他对国王说："昨天我养的百灵鸟叼回一个发卡，我想这一定是属于公主们的，而这也真是一种奇妙的缘分，不知道百灵鸟叼回的是哪位公主的发卡？"

公主们听到了这件事，都在心里说：是我掉的，是我掉的。

可是头上明明完整地别着十个发卡，所以都懊恼得很，却说不出口。

只有小公主走出来说："我掉了一个发卡。"话才说完，一头漂亮的长发因为少了一个发卡，全部披散下来，王子不由得看呆了。

故事的结局，当然是王子与公主从此一起过着幸福快乐的日子。

对善于享受简单和快乐的人来说，人生的心态只在于进退适时、取舍得当。因为生活本身即是一种悖论：一方面，它让我们依恋生活的馈赠；另一方面，又注定了我们对这些礼物最终的舍弃。

失去了一样东西，必然会在其他地方有所收获。关键是，你要有乐观的心态，相信有失必有得。要舍得放弃，要正确对待你的失去，失去才能得到，有时舍弃不过是获得的另一个名称，失去也就是另一种获得。

生活有时会逼迫你不得不交出权力，不得不放走机遇，甚至不得不抛下爱情。然而，舍得舍得，有舍才有得。所以，人生要学会放弃，并敢于放弃一些东西。

## 存心舍弃，会有加倍的收获

有取就有舍，而有舍才有得。我们往往只是看到了一个人舍去世俗的荣华富贵和荣誉地位，却忽略了他舍弃这些东西后所得到的比这些东西更加珍贵的东西，那便是无穷的智慧和人生那种宁静而豁达的境界。其实人生就是一连串取舍的过程，有取就有舍，有舍才有得，而主动舍弃的人，则可能得到上苍加倍的馈赠。

第二次世界大战的硝烟刚刚散尽时，以美英法为首的战胜国首脑们几经磋商，决定在美国纽约成立一个协调处理世界事务的联合国。一切准备就绪后，大家才发现，这个全球至高无上、最权威的世界性组织，竟没有自己的立足之地。

买一块地皮，刚刚成立的联合国还身无分文。让世界各国筹资，牌子刚刚挂起，就要向世界各国搞经济摊派，负面影响太大。况且刚刚经历了"二战"的浩劫，各国政府都财库空虚，许多国家财政赤字居高不下，筹资在寸土寸金的纽约买下一块地皮，并不是一件容易的事情。联合国对此一筹莫展。

听到这一消息后，美国著名的家族财团洛克菲勒家族经商议，果断出资870万美元，在纽约买下一块地皮，将这块地皮无条件地赠予了这个刚刚挂牌的国际性组织——联合国。同时，洛克菲勒家族亦将毗邻这块地皮的大量地皮全部买下。

对洛克菲勒家族的这一出人意料之举，美国许多大财团都吃惊不已。870万美元，对于战后经济萎靡的美国和全世界，都是一笔不小的数目，而洛克菲勒家族却将它拱手赠出，并且什么条件也没有。这条消息传出后，美国许多财团主和地产商都纷纷嘲笑说："这简直是蠢人之举！"并纷纷断言："这样经营不要十年，著名的洛克菲勒家族财团，便会沦落为著名的洛克菲勒家族贫民集团！"

但出人意料的是，联合国大楼刚刚建成完工，毗邻的地价便立刻飙升起来，相当于捐赠款数十倍、近百倍的巨额财富源源不断地涌进了洛克菲勒家族财团。这种结局，令那些曾经讥讽和嘲笑过洛克菲勒家族捐赠之举的财团和商人们目瞪口呆。

这是典型的"因舍而得"的例子。如果洛克菲勒家族没有做出"舍"的举动，勇于牺牲和放弃眼前的利益，就不可能有"得"的结果。放弃和得到永远是辩证统一的。然而，现实中许多人却执着于"得"，常常忘记了"舍"。殊不知，没有舍就没有得，什么都想获得的人，最终会因为无尽的欲望，导致一无所获。

生活就是如此，如果你不可能什么都得到的时候，那么就应该学会舍弃，生活有时候会迫使你交出权力，不得不放弃机会和恩惠。然而我们要知道，舍弃并不意味着失去，有时候，我们主动舍弃，反而会得到更多。

## 舍得舍得，舍和得永远不分开

有人可能会觉得，放弃曾经所有的一切从零开始，很可惜。所以他们在该放弃时不放弃，优柔寡断，结果错过了很多好机会。其实，放弃一件事情，也许会开启另一道成功的门。生活是一个单项选择题，每时每刻你都要有所选择，有所放弃，要追求一个目标，你必须在同一时间放弃一个或数个目标。该放弃时就放弃吧，不要在犹豫不决中虚度光阴，可能到最后还会无奈地放弃。世界上许多顶级的富豪都是敢于选择、舍得放弃的人。

拥有中国色彩第一人称号的于西蔓回国建立了"西蔓色彩工作室"。她将国际流行的"色彩季节理论"带到了中国，她使中国女性认识到了色彩的魅力。于西蔓在日本学习的是经济，但她在毕业后，凭着自己对色彩的爱好，苦学了两年，取得了色彩专业的资格，在当时，她成为全球2000多名色彩顾问中唯一的华人。在国外，她看到中国同胞的穿着经常引起别人的非议，每次她都会产生一种强烈的感觉，要让中国人也美起来。随后，她放弃了在国外优厚的生活，毅然回到了祖国，并于1998年在北京创办了中国第一家色彩工作室。面对中国消费群体的不同，刚开始时，于西蔓只是凭自己的主观确定价位。一段时间后，她发现这并不适合大多数群体，同时也违背了她的初衷——要让所有的中国人都知道什么是色彩。于是，她又重新做了计划，降低价位，并做了很多的辅助工作，结果，取得了很好的成果。年轻的时尚一族纷至沓来，连上了年纪的人也成了工作室的座上宾，热线咨询电话也响个不断。

于西蔓的个人才华及所创立的事业对中国的贡献和影响引

起了政府、社会和媒体的高度赞誉和肯定,她被誉为"色彩大师""中国色彩第一人"。

在总结自己的经验时,于西蔓说她成功的主要原因是懂得放弃,因为没有放弃就没有新的开始。于西蔓几次放弃了自己令人羡慕的工作而重新开始,是因为她深深地了解自己的兴趣、特点及自身的价值。

放弃是对卓越者勇气和胆识的考验。在商人看来,有时在经商中选择放弃,需要承受来自内心和外界方方面面的压力。可以说,任何一次决策中的取舍都需要很大的勇气和胆识,需要非凡的毅力和智慧。只有当一个商人把企业发展的长远利益作为目标时,他才会顶住压力、卧薪尝胆、历尽艰辛,走向更大的辉煌。

在商业社会之中,无论你经营哪个行业,都会遇到众多的竞争对手在与自己争抢市场,能够凭实力一路打拼、高唱凯歌当然最好,如果与对手相比,自己在资金、技术、知名度、人际关系等方面都处于劣势,那该怎么办呢?硬拼,可能是鸡蛋碰石头,自取其辱。聪明的商人在这个时候就会选择一走了之,惹不起总躲得起吧,这才是上策。留得青山在,不怕没柴烧!这不是懦弱,这叫识时务者为俊杰。

还有一种情况,就是市场已经饱和,而且又没有

发展前景的时候，就得考虑放弃你现在所处的行业，趁早另起炉灶，否则只有坐以待毙。比如手机普及之后，谁还在做寻呼台的生意？"飞鸟尽，良弓藏；狡兔死，走狗烹；敌国灭，谋臣亡。"这话虽然残酷，也说明了一个道理，就是没有市场价值的东西就应该"见好就收"。

舍得舍得，没有舍哪有得。这就是成功商人要告诉我们的致富秘诀！

## 舍与得之间，你需要一颗平常心

在奥运会上夺得金牌的冠军，接受媒体采访时，说得最多的就是很简单的一句话：保持平常的心态。的确，在竞技场上保持平常心态，就能使竞技者超水平发挥，取得意想不到的成绩。在职场和人生中更是如此，只有保持平常心，才能取得工作和生活上的成功。

实际上，很多人并不是被自己的能力所打败，而是败给自己无法掌控的情绪。现实生活中，在激烈的竞争形势与强烈的成功欲望的双重压力下，从业者往往会出现焦虑、急躁、慌乱、失落、颓废、茫然、百无聊赖等困扰工作的情绪。这些情绪一齐发作，常常会让人丧失对自身的定位，变得无所适从，从而大大地影响了个人能力的发挥，使自己的工作效能大打折扣。

如古人所云："宁静以致远，淡泊以明志。"不管我们身在何种环境，承受什么样的压力，只要能够坦然面对，就能够轻松地走向成功。

有一次，有源禅师问大珠慧海大师："大师修道是否用功？"大珠慧海大师回答："用功。"

有源禅师问："如何用功？"大珠慧海大师回答："吃饭时吃饭，睡觉时睡觉。"有源禅师说："这和一般人有何不同？"大珠慧海大师说："一般人吃饭时不肯吃饭，百种需索；睡觉时不肯睡觉，千般计较，所以不同。"

在我们的生活中，无论从事何种工作，无论身处什么位置，遇到的问题可能不同，但所面临的压力其实是一样的。漫长的工作生涯中，不分昼夜地加班、工作碰到困难、获得褒奖、遭遇委屈甚至是挫折连连，这都是我们要经历的事情，它涉及所有的人，并不是单单指向某一个人。而职场中人不同的反应体现的则是个体的素质。所以，我们应当努力学会，而且必须学会去适应环境，而不是怨天尤人、沾沾自喜抑或是垂头丧气。如果我们能够随时保持一颗平常心，做到宠辱不惊，去留随意，我们就能够简简单单地面对自己的生活。

## 量力而行，舍弃才能得到

据说有一年，香港财政拮据，便想出了一个办法：把中环海边康乐大厦所在的那块土地进行拍卖。这块土地面积大，属于黄金地段。消息传出后，有资产的人都兴致勃勃，连远在港外的富商们也都赶来参加投标。一时间，香港码头机场客流量大增，饭店老板个个眉开眼笑。想投标者虽多，但有资格的就那么几个，真正打这块地皮主意的，在香港只有李嘉诚的长江实业有限公司和英国的渣打银行。香港为了不让港外人士购地，有意让这两家中的一个获胜，便采取了暗中投标的方式，谁也不知道别人所投价格为多少。

李嘉诚心里有打算，地皮虽好，也有个底限，否则买回来也是亏本，而渣打银行必然拼命抬价，以扳回前几次败北丢的老面子，李嘉诚报上28亿港元。那渣打银行活脱脱的英国绅士脾气，底气不足却硬要打肿脸充胖子，又认为李嘉诚必定拼命抬价，于是豁出了老本，报出了42亿港元的价格。结果当然是渣打银行获胜。正当银行上下举杯欢庆时，打听消息的探子回来报告说，李嘉诚的报价比他们少了14亿港元，顿时一个个脸色变得死灰，总裁吃惊得连酒杯都掉在地上摔得粉碎，连连说，英国绅士上了中国商人的大当。

李嘉诚精打细算，忍住了黄金地段的巨大诱惑，果断地抽身而退，把烫手的山芋甩给了渣打银行。如果忍不住，把自己的老本全部押上，可能落个失败的"威风"，又有何价值。这就显示了凡事能够量力而行，就可以保持长久的成功。

懂得量力而行的人，不会在自己的能力之外贸然行动，这样也就不会招来危险。孙武在书中说："用兵之法，十则围之，五则攻之，倍则分之，敌则能战之，少则能逃之，不若则能避之。"就是说有十倍于对方的兵力，就要围困它；有五倍于它的兵力，就要攻打它；只有对方的一倍多，就分散攻击它；与敌军匹敌，就能战则战；比敌人的兵力少，则能逃就逃。量力而行是在危险之中降低损失的最明智的办法，它不需要太多玄妙的智慧，只要我们对自己有一个客观的认识就可以了。

懂得量力而行也是一种舍得之道。放弃追逐自己能力以外的东西，在力所能及的范围内将自己的能力进行最大限度的发挥，便能创造属于自己的社会财富。大凡有成就的人不会计较眼前的得失，他们明白有舍才有得。此时的放弃并不意味着永远的失败，而是另一种对人生的成全，因为你所放弃的是生活的负累。在人生的每一个关键时刻，我们应审慎地运用智慧，做出正确的选择，同时别忘了及时审视选择的角度，适时调整。要学会从各个不同的角度全面研究问题，放弃掉无谓的固执，冷静地用开放的心胸做正确的抉择。

## 不能舍，只好在泥里团团转

暴雨刚过，道路上一片泥泞。一个老太太到寺庙进香，一不小心跌进了泥坑，浑身沾满了黄泥，香火钱也掉进了泥里。她不起身，只是在泥里捞个不停。一个慈悲的富人刚好坐轿从此经过，看见了这个情景，想去扶她，又怕弄脏了自己身上的衣服，于是便让下人去把老太太从泥潭里扶出来，还送了一些香火钱给她。老太太十分感激，连忙道谢。

一个僧人看到老太太满身污泥，连忙避开，说道："佛门圣地，岂能玷污？还是把这一身污泥弄干净了再来吧！"

瑞新禅师看到了这一幕，径直走到老太太身边，扶她走进大殿，笑着对那个僧人说："旷大劫来无处所，若论生灭尽成非。肉身本是无常的飞灰，从无始来，向无始去，生灭都是空幻一场。"

僧人听他这样说便问道："周遍十方心，不在一切处。难道连成佛的心都不存在吗？"

瑞新禅师指指远处的富人，嘴角浮起一抹苦笑："不能舍、不能破，还在泥里转！"

那个僧人听了禅师的话，顿时感到无比惭愧，垂下了目光。

瑞新禅师回去便训示弟子们："金钱珠宝是驴屎马粪，亲身躬行才是真佛法。身躯都不能舍弃，还谈什么出家？"

心存取舍，则有邪见与妄行；凡成就大事之人，无不是心中存善念。像故事中的富人，舍不得一身皮囊，身价百万又如何？像故事里的僧人，舍不得自己的一身衣裳，以佛门清静地做借口，谈何出家乃至成佛呢。

名利富贵，生不带来，死不带去。所以对其执着不忘，实在不宜。

人生的高度应是知足恬然，生命的高度应是能取能舍、当取则取、当舍则舍、善取善舍的安然。很多时候，人们向往去取得，并且认为多多益善，然而，"取"的前提必定是先"舍"，只有"舍"，才能"得"。

蚌舍弃安逸，才拥有了孕育珍珠的权利；种子放弃花朵，才拥有了孕育春天的资格。千古豪杰舍家为国，才垂青于史册；无数仁人志士舍生取义，才有了巍巍中华。取与舍在自然的荡涤中，展现并昭示了生命的高度，数千年白驹过隙，无数次金乌西坠，消磨掉了历史的棱角，打磨出了中华文明不朽的生命之碑。

取，便是一抔清澈的水，只那一抔，便无须再希冀天上的银河；舍，就是一抖那背上的重负，只那一抖，便使你我得以仰望浩瀚的蓝天。但人生在这一取一舍之间，生命在无限地升华，并且拥有了自己的高度。

的确，取舍对于人生来说是至关重要的。鲁迅弃医从文，改变了他的一生，开始了他的文学创作，如果当初他不作出这样的取舍，他可能只是位医人治人的医生而已，成不了一代文豪。

成功的人之所以能成功，是因为他们明白该做什么，不该做什么；什么应该去坚持，而什么又该舍弃。

取舍，并非是很容易的事情，应该是：得，要先舍；而舍，则终必得。而舍不舍得，以及怎样去"舍"，又怎样去"得"，就全看自己了。

# 第二章

大舍大得：
树舍灿烂夏花，
得华实秋果

## 盘小不是问题，有气魄就能钓到"大鱼"

几个人在岸边岩石上垂钓，一旁有几名游客在欣赏海景之余，亦围观他们钓上岸的鱼，口中啧啧称奇。

只见一个钓者竿子一扬，钓上了一条大鱼，约3尺来长。落在岸上后，那条鱼依然腾跳不已。钓者冷静地解下鱼嘴内的钓钩，随手将鱼丢回海中。

围观的人发出一阵惊呼，这么大的鱼犹不能令他满意，足见钓者的雄心之大。就在众人屏息以待之际，钓者渔竿又是一扬，这次钓上的是一条2尺长的鱼，钓者仍是不多看一眼，解下鱼钩，便把这条鱼放回海里。

第三次，钓者的渔竿又再扬起，只见钓线末端钩着一条不到1尺长的小鱼。

围观的人以为这条鱼也将和前两条大鱼一样，被放回大海，不料钓者将鱼解下后，小心地放进自己的鱼篓中。

游客中有一人百思不得其解，追问钓者为何舍大鱼而留小鱼。

钓者回答道："喔，那是因为我家里最大的盘子只有1尺长，太大的鱼钓回去，盘子也装不下……"

舍3尺长的大鱼而宁可取不到1尺的小鱼，这是令人难以理解的取舍，而钓者的唯一理由，竟是家中的盘子太小，盛不下大鱼！

在我们的生活中，是不是也出现过类似的场景？例如，当我们好不容易有一番雄心壮志时，就习惯性地提醒自己："我想得也太天真了吧，我只有一个小锅，煮不了大鱼。"因为自己背景平凡，而不敢去梦想非凡的成就；因为自己学历不足，而不敢立下宏伟的大志；因为自己自卑保守，而不愿打开心门，去接受更好、更新的信息……凡此种种，我们画地为牢、故步自封，既挫伤了自己的积极性，也限制了自己的发展。生活中那些人生篇章舒展不开、无法获得大成就的人，往往就是因为没有大格局。

陈文茜，电视节目主持人、作家，台湾知名才女，与李敖、赵少康并称"台湾三大名嘴"。1980年，她从台湾大学法律系毕业；1996年，开始主持政论节目《女人开讲》；2000年，又推出《文茜小妹大》，她在节目中针砭时弊，不留情面，获得众多观众的好评；2005年，陈文茜在凤凰卫视开播新栏目《解码陈文茜》，延续她自信敢言、鲜明犀利的风格。

与人们印象中温良恭顺、柔肠百转的台湾小女子不同的是，陈文茜性情洒脱、沉稳睿智，她在娓娓道来的语句中很实际地解释了事业对女性和家庭的影响。一次，她在接受白岩松采访时说道：

"其实，世界上可以给一个女人的东西相当的少，她就守住一片天，守住一块地，守住一个家，守住一个男人，守住一群小孩，到后来，她成了中年女子，她很少感到幸福，她有的是一种被剥夺感。这是我慢慢退出政坛以后的一个新的感慨，从政有一个好处，它让我从小就活得跟一般女人不一样……就是说在某种程度上你有这种气魄，这个气魄未必帮助你真正在政治事业上表现杰出，可是真的能帮助一个女人在处理她的私人事情时表现杰出，她会变得很超脱，格局很大。其实，人生处境最怕你格局很小……面对自己实际生活里的困境时，很容易比一般人放得开，我觉得这是个很重要的幸福来源。"

作为一个女人，陈文茜之所以能在生活中如鱼得水，正是源于她的人生格局。她有许多女人所没有的宽广视野，她有许多男人所没有的胆识气魄，还有很多专家学者所没有的睿智和担当……"人生最怕格局小"，这正是陈文茜的成功秘诀。你或许正在为自己的平庸无为而苦闷愤懑，那么，自我反思一下，看看你的格局是不是太小了：拘囿于朝九晚五、机械式的工作程序，满足于日常生活的柴米油盐，为同事之间的小摩擦而斤斤计较半天，为了节省几毛钱而绕远道去另一个超市，为了省钱从不买书，从没有展望过自己的未来……想一想自己身上还有哪些"小格局"，把它打开吧，你将拥有一个更加广阔的人生。

## 宁可在尝试中失败，也不在保守中成功

蝶破茧而出的时候，会疼吗？

从笨拙的躯壳中挣扎着伸出细嫩的触角，翅膀因为沾满液体依旧合拢，几乎透明的足肢，支撑着颤抖的身体，微风吹过，它摇晃着几乎倒下。只有耐心等待。阳光的照耀使它慢慢变得轻盈，那薄而绚烂的翅翼上色彩一点点明媚起来。空气中的温度通过触角传遍全身，让它一分一秒地强壮起来。然后，你几乎听到一声轻轻的叹息，那是终于自由的释怀。一展翅，它起飞。

其实我们每个人，都有这化蝶的一刻，完成一次蜕变，让世界大吃一惊，而这种痛只有自己知道。

不过，有时候，因为怕疼，或因为嫌慢，我们在"蜕变"时开始尝试走捷径，比如来自外界的帮蝴蝶撕开茧的手，虽是出于好意，但却缩短了它的奋斗历程，删除了它蜕变过程中最重要的一步，导致蝴蝶蜕变失败。

如果说蝴蝶自我蜕变是一种勇敢的尝试，是对生命的渴望和挑战，那么在外力帮助下的蝴蝶的蜕变则是一种保守的行为，不敢接受挑战，不敢自我超越，即使成功，也是一种假象，经不起触碰，被残酷现实刺穿以后，它就剩下老坏而愚钝的外壳。

从青涩的应届毕业生摇身变成央视的名主持，从远渡重洋的

学子到纪录片的制作人,从凤凰卫视的名牌主持到阳光卫视的当家人,杨澜的身份角色一直在变化。

1994年,杨澜获得了中国第一届主持人"金话筒奖"。也就是在这年,正当事业如日中天的她突然离开《正大综艺》,留学美国,震惊了很多喜爱她的观众。对于出走央视的原因,杨澜说:"主持人这个行当有某种吃'青春饭'的特征,我不想走这样的一条道路。我相信,如果一个人不充实自己的话,前程将是短暂的。"

1997年获得硕士学位回国后,杨澜加盟香港凤凰卫视中文台,开创了名人访谈类节目《杨澜工作室》,并担任制片人和主持人。那段时间,她主持的节目在世界华语观众中拥有广泛的知名度和美誉度。在凤凰卫视的两年里,杨澜拓宽了自己的职业视角,她不仅积累了各方面的经验和资本,也同时预留了未来的发展空间。

1999年10月,杨澜突然宣布离开凤凰卫视中文台。这次的离开给人们留下了更大的想象空间,比上次巅峰之时离开《正大综艺》更让人们吃惊和关注。杨澜对此的解释是:"离开凤凰的原因只有一个,在事业与家庭的选择中,我选择家庭。"

2000年3月,在所有媒体没有意料到的时候,杨澜突然发布了和丈夫吴征收购良记集团并更名为阳光文化网络电视控股有限公司的消息。在新闻发布会上,她胸有成竹地提出了打造阳光文化传媒的计划,对于电视市场的未来前景做了精心的描述。杨澜就像一个追逐电视之梦永远不知疲倦和满足的蝴蝶。

2003年，阳光卫视70%的股权转让，杨澜宣告阳光卫视创办失败。但是杨澜并没有放弃传媒人的角色，她和东方卫视、凤凰卫视、湖南卫视合作，主持《杨澜视线》《杨澜访谈录》《天下女人》等节目，并多次参与北京奥运会的重大活动。

在阳光卫视创办失败后，杨澜以更加成熟从容的姿态出现在公众的视野里。

杨澜说过：这些年，有太多的遗憾。唯一对自己满意的，就是一直在追求改变。宁可在尝试中失败，也不在保守中成功——杨澜的经历是这句话最好的注解。

在开放中尝试改变，即使失败也精彩。蝶变，就是一次次突破想象，包括自己的想象，然后去追寻更高更远更灿烂的天空。

在未来的社会，那种以自我为中心、自我封闭、自我满足、自以为是，以及自我设限的人，根本不可能适应社会，甚至生存都会成问题。变，正是人生的魅力所在，而不变的，是心中超越自我的渴望。

作为很多人的"榜样"，杨澜并非提供一个成功的模式，让别人钻进她留下的硬壳。更多地，她是带给我们一种启发："哦，原来人生可以如此美丽精彩！我为什么不试试呢？"

## 当别人都在努力向前时，你不妨倒回去

艺术家说：学我者生，似我者死。

文学家说：抄袭是埋葬一切才华的坟墓，创新是精品产生的源泉。

经济学家说：逃离竞争残酷的红海，奔向空间无限的蓝海。

做一条反向游泳的鱼，不走寻常路，才能看到别样的风景；不走寻常路，是因为心系远方。

当你面对一个史无前例的问题，沿着某一固定方向思考而不得其解时，灵活地调整一下思维的方向，从不同角度展开思路，甚至把事情整个反过来想一下，那么就有可能反中求胜，摘得成功的果实。

宋神宗熙宁年间，越州（今浙江绍兴）闹蝗灾。只见蝗虫乌云般飞来，遮天蔽日。所到之处，禾苗全无，树木无叶，一片肃杀景象。当然，这年的庄稼颗粒无收。

这时，素以多智、爱民著称的清官赵汴被任命为越州知州。赵汴一到任，首先面临的是救灾问题。越州不乏大户之家，他们有积年存粮。老百姓在青黄不接时，大都过着半饥半饱的日子，而一旦遭灾，便缺大半年的口粮。灾荒之年，粮食比金银还贵重，哪家不想存粮活命？一时间，越州米价高涨。

面对此种情景，僚属们都沉不住气了，纷纷来找赵汴，求他拿出办法来。借此机会，赵汴召集僚属们来商议救灾对策。

大家议论纷纷，但有一条是肯定的，就是依照惯例，由官府出告示，压制米价，以救百姓之命。僚属们七言八语，说附近某州某县已经出告示压米价了，我们倘若还不行动，米价天天上涨，老百姓将不堪其苦，会起事造反的。

赵汴静听大家发言，沉吟良久，才不紧不慢地说："今次救灾，我想反其道而行之，不出告示压米价，而出告示宣布米价可自由上涨。"众僚属一听，都目瞪口呆，先是怀疑知州大人在开玩笑，而后看知州大人认真的样子，又怀疑这位大人是否吃错了药，在胡言乱语。赵汴见大家不理解，笑了笑，胸有成竹地说："就这么办。起草文告吧！"

官令如山，赵汴说怎么办就怎么办。不过，大家心里都直犯嘀咕：这次救灾肯定会失败，越州将饿殍遍野，越州百姓要遭殃了！这时，附近州县都纷纷贴出告示，严禁私增米价。若有违犯者，一经查出严惩不贷。揭发检举私增米价者，官府予以奖励。而越州则贴出不限米价的告示，于是，四面八方的米商闻讯而至。开始几天，米价确实增了不少，但买米者看到米上市的太多，都观望不买。过了几天，米价开始下跌，并且一天比一天跌得快。米商们想不卖再运回去，但一则运费太贵，增加成本，二则别处又限米价，于是只好忍痛降价出售。这样，越州的米价虽然比别的州县略高点，但百姓有钱可买到米。而别的州县米价虽然压下来了，但百姓排半天队，却很难买到米。所以，这次大灾，越州饿死的人最少，受到朝廷的嘉奖。

僚属们这才佩服了赵汴的计谋，纷纷请教其中原因。赵汴说："市场之常性，物多则贱，物少则贵。我们这样一反常态，告示米商们可随意加价，米商们都蜂拥而来。吃米的还是那么多人，米价怎能涨上去呢？"

逆向思维不迷信原有的传统观念和经典信条，对既定事物进行批判性的思考，体现的是一种创新精神。这种思维在一般人看来是不合情理甚至是荒谬的，但正是因为采取这种思维，思考者才得以摆脱传统观念和习惯势力的束缚，向着新的成果跃进，创造出新的观念和理论来，导致新旧理论的更替和生活面貌的改变。

逆向思维本身就是灵感的源泉。遇到问题，我们不妨多想一下，能否从反方向考虑一下解决的办法。反其道而行是人生的一种大智慧，当别人都在努力向前时，你不妨倒回去，做一条反向游泳的鱼，去寻找属于你的"非常之道"。

## 要大智慧，不要小聪明

在工作中有的人喜欢投机取巧、耍小聪明偷懒，明明可以做得更完善的事情却不去做，总认为差不多就行了；明明是自己的责任，却推卸给别人或设法掩盖。殊不知一个人的素质和能力往往体现在工作的细节上，自认为头脑机灵而沾沾自喜，却不知这会影响了自己的职业前程。

亚里士多德说："德可以分为两种：一种是智慧的德，另一种是行为的德，前者是从学习中得来的，后者是从实践中得来的。"想成功，唯有诚信、负责、创新、积极进取等大智慧可取。而敢于冒险走创新路，也是一种可贵的大智慧。

在奥斯维辛集中营，一个犹太人对他的儿子说："现在我们唯一的财富就是智慧，当别人说 1 加 1 等于 2 的时候，你应该想到大于 2。"纳粹在奥斯维辛毒死了 536724 人，这父子俩却活了下来。

1946 年，他们来到美国，在休斯敦做铜器生意。一天，父亲问儿子一磅铜的价格是多少，儿子答 35 美分。父亲说："对，整个得克萨斯州都知道每磅铜的价格是 35 美分，但作为犹太人的儿子，你应该说 3.5 美元。你试着把一磅铜做成门把手看看。"

父亲死后，儿子独自经营铜器店。他做过铜鼓、做过瑞士钟表上的簧片、做过奥运会的奖牌。他曾把一磅铜卖到 3500 美元，这时他已是麦考尔公司的董事长。

然而，真正使他扬名的，是纽约州的一堆垃圾。

1974年，美国政府为清理给自由女神像翻新扔下的废料，向社会广泛招标。但好几个月过去了，没人应标。正在法国旅行的他听说后，立即飞往纽约，看过自由女神像下堆积如山的铜块、螺丝和木料，未提任何条件，当即就签了字。

纽约许多运输公司对他的这一愚蠢举动暗自发笑。因为在纽约州，垃圾处理有严格规定，弄不好会受到环保组织的起诉。就在一些人要看这个犹太人的笑话时，他开始组织工人对废料进行分类。他让人把废铜熔化，铸成小自由女神像；他把木头等加工成底座；废铅、废铝做成纽约广场的钥匙。最后，他甚至把从自由女神像身上扫下的灰尘都包装起来，出售给花店。不到3个月的时间，他让这堆废料变成了350万美元，每磅铜的价格整整翻了1万倍。

这位犹太人的综观全局的眼光、智慧的头脑，让他一生受益无穷。其境界、谋略非小聪明可以比。

人生最忌讳的是耍小聪明。让我们来看看小吴的求职经历：

小吴到一家外资公司应聘总经理助理职位。经过种种测验，他与另一位对手从几十名应聘者中胜出，准备接受总经理的最后面试。出乎意料的是总经理没有提出任何考问，说是带他俩去附近一家公司谈判。走出公司大门后，因距要去的公司仅有一站地路程，总经理提议乘坐公共汽车前往，并递给他们每人5角钱，叮嘱每人自己买自己的车票。当时的车票票价是4角钱，因缺少零钱，乘务员们几乎都已养成收取5角钱不找零的习惯，小吴交出5角钱后，心想，为1角钱开口显得太小气，丢面子，便没有向乘务员索要应找回的1角钱。可是他的竞争对手却没有默认，而是认真地开口向乘务员要求找零。乘务员轻蔑地看着小吴的对手，好一会儿才冷冷地递出1角钱，小吴的对手一脸泰然地接过来。小吴看罢，心里还有一点幸灾乐祸，想对手的财迷和小气表现，老总一定不会满意他的。

没想到，到站下车后，总经理却对竞争对手说："你被聘用了。"小吴立即怔住了，总经理说："你们俩的材料我都仔细看过了，能力不分伯仲，才智不分上下，不过，在刚才买票问题上我看到了你们的差异。一个人只有懂得坚持自己的利益，才能够维护公司的利益，而一个连自身利益都不能坚持的人，又如何能够维护公司的权益呢？"

小吴败在了自己的小聪明上。以为争取小权益是小气的表现而不坚持权益，总有一天，它会演变为不坚持原则，这对工作之弊显而易见。小聪明易被聪明误，小聪明得小利，大智慧得大益。有大智慧，才有大美丽的大人生。

善用大智慧的人，前途才会充满光明，而一种好的思维方式就是引导你走向成功的快捷之路。

## 失信者失去的是人心

信用是一个人处世的资本，是社交场合的通行证，是获得成功的前提条件。失信的人不仅会失去朋友，也会失去成功的机会。

心理学家马斯洛在研究大量著名人物的基础上，总结出有成就者的健康个性特征，其中第一条就是讲信用。马斯洛还指出，一个人要走向成功或者培养健康个性有八条途径，其中有两条与信用相关。因此，要想成就一番事业，必须讲信用，要想获得朋友，也需讲信用。就像一位哲人所言，讲信用的人走到哪里都受人尊重，受人欢迎。而不讲信用的人，则会受到众人的唾弃。

有一位商人要到邻国去经商，临行前便将他家中的财物托一位远房亲戚保管。

他的财物有钻石、珍珠以及一些金器，如金杯、金壶等。

"放心去办你的事吧！我一定会替你小心保管这些东西的。"他的远房亲戚对他说。

商人听了就安心上路了。

转眼间3年过去了，平安归来的商人回到家里后，就通知他的远房亲戚，希望能取回托他保管的财物。商人还想把从国外带回来的珍贵土特产送给这位远房亲戚作为谢礼。

但这位远房亲戚想:"我已经帮他保管了3年。时间过了这么久,我可以跟他说我并没有替他保管东西。然后,找个秘密的地方把这些宝物藏起来,他就没办法了。"

第二天,这个起了贪念的远房亲戚在前往商人家的途中,遇到一个跛着脚、又瘦又小、留着长长的白胡子的老人。老人用锐利的眼光看着他。商人的远房亲戚正感到疑惑时,老人说:"我是诺言之神,我专门找那些不遵守诺言的人,把他们带到高山上,从悬崖上推下去,以示惩罚。"

商人的远房亲戚知道这个老人就是诺言之神,脸色马上变了。他战战兢兢地问道:"那你是不是常常在这里走动呢?"

"不,我经常要到不同的地方,去巡视人们是否遵守诺言,大约20年后才回来。"诺言之神说。

商人的远房亲戚听到这个回答,心里想:"好极了,诺言之神离开这里之后,20年之内不会再来。"于是,商人的远房亲戚决定迟延一天,等诺言之神走了再到商人家去。

第二天,这个远房亲戚到了商人的家里,他对商人说:"我并没有替你保管什么东西啊!"

商人没想到他的远房亲戚竟然如此背信弃义,伤心地流着眼泪说:"请你不要这样!我在3年前请你替我保管许多财

物……求求你,还给我吧!"

可是这位远房亲戚根本就不承认,冷冷地说:"我说没有就是没有,我没有替你保管东西,叫我怎么还给你呢?"然后掉头就走。

第二天一大早,商人的远房亲戚在睡梦中听到有人敲门,就揉着惺忪的睡眼去开门,发现站在门外的竟是诺言之神。诺言之神伸出细长的双手,掐住他的脖子,把他拉到门外。

"出来!你这个不遵守诺言的家伙!现在,我要带你到高山上,把你从悬崖上推下去。"诺言之神怒目圆睁,瞪着他大声骂着。

商人的远房亲戚害怕得全身战栗着说:"请原谅我!诺言之神。可是,你不是说20年后才回来吗?为什么不到一天的时间,你又回到这里来惩罚我呢?"

诺言之神说:"你好好听着,如果人们没有做违背诺言的事,我是要等20年后才回来。可是当你做出我最厌恶的不守诺言的事时,我就会随时出现。"

诺言之神说完,就硬拉着他往山上走去。

失信于人,既显示出一个人的人格低下,品行不端,又是一种自我毁灭的愚蠢行为。《没有信誉就没有一切》这篇文章中说:"一个成熟的社会,一个有力量的社会,不但要考虑每一个人,而且还要为他们建立必要的档案,这并不是要建立黑档案,而是能够向有关方面证实你的可信度。"

我们可以设想一下,假如已经建立了这样的档案,只有讲信用的人银行才会贷款，商人才和你做生意，公司才会聘用你，他人才和你交朋友。没有信用，你在社会上就难以立足。

在此，我们有必要记住文学家爱默生的一句话："坚守信用是成功的最大关键。"

## 商中行善，往往会一举两得

胡雪岩在经商的过程中，常常会引荐前人的好方法。有一次，他听说了这样一个故事。

那是在雍正年间，京城有一家规模很大的药店，它的药物质地好，连皇上都信得过它，并允许它给皇宫供药。

有一年，由于前一年是暖冬，没怎么下雪，一开春的时候，气候反常，所以在三月里的会试能不能顺利进行，就成了朝廷最为担心的事情。因为当时清廷招募考生，都是在科场号舍举行的，那里多为应付考试搭建的，里面空间狭小，伸不开腿，也直不起腰。考生从开考到结束，三天不能出号舍，这样身体差一点的就会支撑不住，再加上天气的原因让很多考生的精神都变得萎靡。

根据这一年的实际情况，那家药店赶制了一批治时气的药散,并托付内阁大臣奏明皇上,说要送给每一个考生,让他们以备不时之需。雍正帝正在为会考的事情发愁,见这家药店主动为皇上解忧,自然大加赞许。于是,这家药店派专人守在考场门口,给每个考生发派药物,并且附带一张宣传单,上面印上了该药店最有名的药物。结果,一半是因为药店的支持,另一半是由于当年考生的运气好,很少有人中场离席。由此一来,不管是中举的还是没中的,人们纷纷来这家药店买药。由于考生们来自全国各地,自此以后,全国的人都知道了这家药店,并且都来支持它的生意。

只用了很少的本钱,却换来了大生意。这对于同样开药店的胡雪岩来说,是一个很好的经验,所以他效仿了这家药店的做法,也通过行善的方式,开辟出了自己的商业天地。那个时候,社会动荡,百姓流离失所,再加上战乱,瘟疫流行,而百姓又都是贫寒之人,没什么钱来买药。于是,胡雪岩就制定出了一种策略,即准备大量应急的药物,施与逃难的百姓,被百姓们称为"胡善人"的"救命药"。胡雪岩还给曾国藩的江南大营送去了免费的药物,博得了曾国藩的好感。因为胡雪岩的行善举动,朝廷对胡雪岩赞赏有加,封他做了二品官员。而那些难民和士兵,都是来自全国各地的,为此全国的人都知道了有个"胡善人"。所以,胡雪岩的生意自然越做越好。

就事情的本身来说,胡雪岩虽然将大众的生死看得很重要,也表现出了他救世的热情,但是他更懂得宣传和舆论的重要。用现代人的眼光来看，胡雪岩送药之举，其实就是一种特殊的广告方式，而且是一举两得的上策。商家能够重视自己的名声，懂得行善积德，不仅可以让处于灾难之中的人受惠，更能扩大自己的名气，提升自己的影响力。

可是，很多商家看不到这其中的关系，宁可将大把大把的银子花在电视广告、报纸推广上，也不愿意给予受难者一点支援。其实，经商，靠的是大众的消费，只有获得了人心，才能给自己带来更大的利润。如果连一点恩惠都不舍得回报社会，那么受损失的也只有商家自己。

## 花大钱抢占黄金宝地

只有站得高才看得远，做生意也是如此。一个开在乡村里的小店，无论有多么齐全的货物，能有多少城里人会专程跑到那里买东西呢？所以做生意的目光不能只着眼于乡村，立足于身边人的需求。否则，时间久了，外面的世界流行什么，你都未必得知，自然也很难做出大生意，赚到大钱了。

这从反面证实了一个道理：做生意，必须选择一个利于生意发展的环境。信息、时尚、市场需求、优越的地理位置，都是这种环境的一部分，而在这里面，地理位置又至关重要、首当其冲。

20世纪初的上海曾号称是"冒险家的乐园",闻名遐迩的南京路则是这一宝地中的至宝,尤其对商家来说是寸土寸金。能在南京路拥有一家店铺,不仅是商场行家的梦想,同样是生产厂家的追求,同时也是资格和品牌的需要。

为了进驻"中华第一商业街",温州商人郑荣德的做法令人折服。

出身海岛渔家的郑荣德是一名早年闯荡上海的温商,他创建的华东电器集团近年来在上海悄然崛起,越做越大,成为上海商界的一匹活力四射的黑马。同许多温商一样,郑荣德也把进入南京路、取得商界名流资格、赢得更大效益作为自己的战略目标。为此,2000年5月,他把公司总部迁到离南京路步行街仅有百米之遥的河南中路与天津路交叉口,在这里兴建了一幢颇具档次的6层办公大楼,楼面镶嵌的花岗岩使得整座大楼华贵典雅。按理说,公司现处的地段也是上海商业的繁华区。但在郑荣德心里,这里并不是他理想的目标,作为一名追求完美的温州企业家,入驻南京路并不是一个面子的问题,而是他整体构建自己企业规划中的一个理想目标。

2001年夏,机会终于来了,上海新世界集团在南京路上兴建的一幢9层大楼竣工,但该集团并不想自己经营,而打算整楼出让。在郑荣德听说这一消息之前,新世界集团的决策层刚刚透出的信息,便迅速传到了北京、广东等地,当时即已有人闻讯而至,与新世界集团交涉,谈判了不知多少次。由于新世界集团知道这幢9层大楼占据了南京路的要津，因而待价而沽，并不着急。郑荣德知道这一消息后，立即与新世界集团决策层进行接触，而后召集自己公司的决策要员，共商购楼大计，并做好了充分的思想准备，拟出了几套预案。

郑荣德当然知道上海新世界集团的意图，也知道这幢9层大楼所具有的价值，因而舍得动真格，敢出别人不敢出的大价钱。根据郑荣德的请求，新世界集团同意与华东电器集团洽谈出让事宜，但其准备不足，原想不过是双方熟悉一下，交换一下彼此的条件，以后的谈判还会旷日持久，同时其也对成交并不抱太大的希望，因为以往的谈判对手都很难接受其开出的价码。而在"华东电器"一方，郑荣德的购楼之意却是一腔至诚。

知己知彼方能百战不殆。为了首场谈判便能成交，缩短交涉过程一锤定音，断了其他同样看中这幢大楼的竞争对手的念想，使这幢大楼自此成为华东电器集团所有，郑荣德早已从各方面将新世界集团开列的条件打听明白了。当双方见面、坐下寒暄过后，郑荣德便开门见山地将一份条款十分详尽的购楼意向书交给对方，显示了自己的真诚。新世界方没有想到郑荣德竟如此爽快，因而也爽快地公开了自己的售出底线，未经几番口舌，双方便在90分钟的谈判中结出正果：以3亿元的楼价签约成交。

郑荣德终于花大价钱进驻南京路，虽然3亿元对一个民营企业来说不是小数目，但在郑荣德看来，南京路本身就是一个名牌，能在这里经营自己的公司和产品，对于打出自己的品牌就是一个巨大的优势。

在军事上,据关守险,占据最高点,将是获得胜利的一大保障;在商业中,抢占最好的商业区域,是商人在激烈的商战中占据优势的一大法宝。对于商人来说,在一个地方做生意,一定会选择最有利的铺位:开工厂的,要选择交通便利、工业繁忙的地段;开商铺的,要选择人群辐辏、商业繁荣的地方。这就是抢占制高点。但要进军先进的市场,买下旺楼铺,得花大钱,而且是一分价钱一分货,舍不得孩子套不住狼,大本钱有大收益,舍不得投资怎能赚钱!因此,凡是有经商意识的商人是舍得花大钱来抢占上海、北京等大都市的经商宝地的。

# 第二章

小舍小得:
你投人以木瓜,
人报你以琼瑶

## 风光不可占尽，宜分他人一杯羹

　　人皆有好名之心，内心常有一种出人头地的渴望，期待着有一天能"一炮走红"而成名人。于是，我们常常发现，那些在自己的领域做出一点成绩的人，总是认为自己是多么的与众不同，是多么应该被别人景仰。他们的眼睛中只看见自己，就好比在一张白纸上涂一个黑点，他们只看到黑点，却看不见黑点之外那无限开阔的境地。他们不停地炫耀自己、推销自己，俨然一副舍我其谁的神态。殊不知，他们的这种行为令别人十分反感，这样使他们离成功越来越远。

　　你要表述自己，先要倾听别人；你要成为公众的焦点，先要学会把光环让给别人。这时，你的内心会升起一种奇妙的平静感，你的成功自然地昭示着一种无须声张的高度，你会越来越受人欢迎。

　　后汉隐帝时，大将郭威曾任两军招慰安抚命。他领兵平定以李守贞为首的三镇（河中、永兴、凤翔）割据后，回到了京都大梁。

　　郭威入朝拜帝，皇上对他进行嘉奖，赐予金帛、衣服、玉带等一大堆奖品，郭威一一加以推辞，道："微臣自领命以来，仅仅攻克一座城池，有什么功劳可言呢！况且我又领兵在外，而镇守京城，供应所需，使前方不缺粮，这都是朝中大臣的功劳啊。"后来，后汉隐帝又提出加封郭威为地方藩镇，郭威还是不受："宰相位在臣上，未曾分封藩镇，还有节度使也有功劳。"后汉隐帝越发觉得郭威淡泊名利，十分难得，打算再赏赐他，郭威再次推辞道："运筹策划，出于朝廷；发兵供粮，来源藩镇；冲锋陷阵，出于将士，功独归臣，臣何以堪之！"

郭威反复推辞，将功名归于大家，实在是一个很高明的做法。

他这么做，不仅免遭上下左右的嫉妒中伤，而且在朝廷中留下了好名声，真是："桃李不言，下自成蹊！"所以，当你在工作上有特别表现而受到肯定时，千万记得——别独享荣耀，否则会为你带来人际关系上的危机。

面对荣誉，你需要做好如下几件事：

**1. 感谢**

感谢同仁的鼓励和帮助，不要认为这都是自己的功劳，尤其要感谢上司，感谢他的信任、指导。

**2. 分享**

当你取得成绩时，主动对人表示一点物质上的感谢，能够让旁人有受尊重的感觉，如果你的荣耀事实上是众人鼎力协助完成的，那么你更不应该忘记这一点。"实质"的分享有很多种方式，小则请吃零食，大则请吃饭。

### 3. 谦卑

人往往一有了荣耀就会自我膨胀，这种心情是可以理解的，人嘛，总是容易自我迷醉。但这会导致同事间的合作共事会难以进行。因此有了荣耀，更要谦卑，要做到不卑不亢，别人看到你的谦卑，认为你还是目中有人的，自然能共事顺利而愉快。谦卑的要领很多，主要注意以下两点：一是对人要更客气，荣耀越高，头要越低；二是别再提你的荣耀，再提就变成吹嘘了。事实上，你的荣耀大家早已知道，何必再提呢？

其实，别独享荣耀，说穿了就是不要自高自大，随意侵占别人的生存空间。因为你的荣耀会让别人变得暗淡，产生一种不安全感。而你的感谢、分享、谦卑，正好给旁人吃下一颗定心丸，表现你仍然是一个注重团队协作的人。

## 情谊之花，需时时浇灌

很显然，人与人之间的关系会随着平时联络的增加而加深，久不见面的朋友自然会日渐疏远。

虽然身为上班族，但也不要一天到晚都埋头在办公桌前，不论多么忙碌的人，也总会有吃饭的时间和休息的时间。至于那些从事业务工作的人，更是整天都在外面跑，只有吃饭时间才会回到公司，这样更能够多利用在外面跑的机会，联络那些久疏联络的朋友。至于整日守在办公桌边的人，则不妨利用午餐时间，与在同一地区工作的朋友共进午餐。与其每天一个人吃饭，不如偶尔打个电话约其他朋友一起吃顿饭，如果没有时间一起吃饭，一起喝杯咖啡也可以。那些斤斤计较这些小事的人，很难拓展自己的人际关系。虽然上班族的收入很有限，得靠省吃俭用才能存一点钱。但是，因此而失去了所有与朋友来往的机会，那可就得不偿失了。更何况有许多人斤斤计较这些小花销，却又对大花销毫不在乎，这实在是本末倒置的做法。

在外面奔波的人不妨利用机会顺路探访久未见面的朋友，即使是几分钟也可以；或是利用中午休息时间和对方一起吃顿便饭。虽然只有短短的几分钟，但对与对方保持长久联系非常重要。

下班后，大家一起喝杯茶。不论是迎新送旧还是大功告成，找各种理由大家一块儿聚聚，这不只是大家互相联络感情，也是松弛一下紧张的神经的好机会。

平时不联络，事到临头再来抱佛脚也来不及了。情谊不只在建立，也要重视平时的经营，否则时间长了，原本熟悉热烈的感情也会变得陌生冷淡，不再有昔日把酒言欢，无话不谈的畅快！

## 锦上添花不如雪中送炭

曾有人说，最难忘记的是那些在自己哭泣时陪自己哭的人。

一个人不渴的时候，即使送他一桶水也没用；渴的时候，即使是半杯水也非常珍贵。一个人吃饱的时候，再好的食物也会丧失吸引力；饥饿的时候，半个馒头也美味无比。所以，雪中送炭远比锦上添花重要。

有一次，公西赤被派出去做大使，冉求因公西赤的母亲在家，就代其母亲请求实物配给，并多给很多。孔子知道后，虽然并没有责怪冉求，但对学生们说，你们要知道，公西赤这次出使到齐国去，坐的是肥马拉的车，穿的是裘皮衣服，我听闻君子周济穷人而不接济富人。

我们帮别人，要在他人急难的时候帮忙，公西赤并非穷困潦倒，其家中也不贫穷，再给他那么多，只是锦上添花，实在没有必要。

古人云："求人须求大丈夫，济人须济急时无"，说的也是这个道理，锦上添花不是必要的，雪中送炭却救人于危难。人需要关怀和帮助，也最珍惜在自己困境中得到的关怀和帮助。若要一个人记住自己，最好的方式莫过于在他需要帮助时伸出援助之手。

德皇威廉一世在第一次世界大战结束时，那些拥护他的部下纷纷离去,大批的民众站出来反对他,处死德皇的呼声越来越高,他只好逃到荷兰去保命。在他重新回到皇宫后,有个小男孩写了一封简短但流露真情的信,表达他对德皇的敬仰。这个小男孩在信中说,不管别人怎么想,他将永远尊敬他为皇帝。德皇深深地为这封信所感动,邀请他到皇宫来。这个小男孩接受了邀请,他母亲一同前往,威廉出于感激,经常陪同母子俩到处游览,后来日久生情,小男孩的母亲嫁给了威廉。

在别人富有时送他一座金山,不如在他落难时,送他一杯水。人们总会在现实生活中遇到一些困难,遇到一些自己解决不了的事情,这时候,如果能得到别人的帮助,就会永远铭记于心,感激不尽。

帮助别人不一定是物质上的帮助,简单的举手之劳或关怀的话语,就能让别人产生久久的激动。如果你能帮助那些需要帮助的人,你便能握住他们伸出的友谊之手。而这些友谊,很可能会为你带来巨大的回报。

## 感情越积越深，情义之路越走越长

说到人情，谁也不敢轻慢。一个人在充满竞争的社会上能不能站得住，关键在于是否懂得"情义"的分量。情义虽然是不可以量化的，但每个人心中还是有一杆秤。

钱钟书先生一生日子过得比较平和，但困居上海孤岛写《围城》的时候，也窘迫过一阵。辞退保姆后，由夫人杨绛操持家务，所谓"卷袖围裙为口忙"。那时他的学术文稿没人买，于是他写小说的动机里就多少掺进了挣钱养家的成分。一天500字精工细作，却又不是商业性的写作速度。

恰巧这时黄佐临导演上演了杨绛的四幕喜剧《称心如意》和五幕喜剧《弄假成真》，并及时支付了酬金，才使钱家渡过了难关。时隔多年，黄佐临导演之女黄蜀芹之所以独得钱钟书亲允，开拍电视连续剧《围城》，实因她怀揣老父一封亲笔信的缘故。

钱钟书是个别人为他做了事他一辈子都记着的人，黄佐临40多年前的义助，钱钟书40多年后还报。这真是"多一个朋友多一条路"，没有40年前的情义，也就难有40年后的路子。

三国争霸之前，周瑜并不得意。他曾在军阀袁术部下为官，被袁术任命为小小的居巢长，一个小县的县令罢了。

这时候地方上发生了饥荒，兵乱使粮食问题日渐严峻起来。

居巢的百姓没有粮食吃，就吃树皮、草根，活活饿死了不少人，军队也饿得失去了战斗力。周瑜作为父母官，看到这悲惨情形急得心慌意乱，不知如何是好。

有人献计，说附近有个乐善好施的财主鲁肃，他家素来富裕，想必囤积了不少粮食，不如去向他借。周瑜带上人马登门拜访鲁肃，刚刚寒暄完，周瑜就直接说："不瞒老兄，小弟此次造访，是想借点粮食。"鲁肃一看周瑜丰神俊朗，显然是个才子，日后必成大器，于是哈哈大笑说："此乃区区小事，我答应就是。"

鲁肃亲自带周瑜去查看粮仓，这时鲁家存有两仓粮食，各三千斛，鲁肃痛快地说："也别说什么借不借的，我把其中一仓送与你好了。"周瑜及其手下见他如此慷慨大方，都愣住了，要知道，在饥馑之年，粮食就是生命啊！周瑜被鲁肃的言行深深感动了，两人当下就交上了朋友。

后来周瑜发达了，当上了将军，他牢记鲁肃的恩德，将他推荐给孙权，鲁肃终于得到了干事业的机会。

在这个世界上，若想成就一番事业，离不开别人的帮助。那么，天下之大，人事之繁，别人为什么要单给你助力？为什么乐意帮你开拓道路？答曰：人情使然，有了人情也便有了助力，人情大道路宽。

生活的经验是，你必须在银行里储蓄足够的金额，到你遇到困难的时候，才能从银行里从容地取出存款，以解所需之急。反之，不肯增加储蓄而只想大笔支取的人是无人理会的，这样的银行账户是根本不存在的。你毫无储蓄，到需要用钱时，也就必然无钱可用，只有欠债了。但欠债总是要还的，到头来还是要储蓄。

人与人之间的关系也是这样。每个人的心中都有一个银行，都设有一个感情账户。而能够充实感情账户，使感情储蓄日益丰厚的，只能是你对他人真诚、热忱的关心、支持和帮助。互助互利是彼此信任的基石，没有较深的感情则没有彼此的信任。重视情感，不断增加感情的储蓄，就是积聚信任度，保持和加强亲密互惠的关系。你在感情的账户上储蓄，就会赢得对方的信任，那么当你遇到困难，需要帮助的时候，就可以寻求帮助。

所以，我们要想得到别人的支持与帮助，首先自己要乐于助人、关心他人，不断增加感情的储蓄。

## 留有余地是一种理智的人生策略

我国古代有个叫李密庵的学者，写过一首《半半歌》，诗云："饮酒半酣正好，花开半时偏妍，半帆张扇免翻颠，马放半鞭稳便。半少却饶滋味，半多反厌纠缠。百年苦乐半相掺，会占便宜只半。"用现代的话来说，就是凡事要留有余地，不要不给自己和别人留退路。

常留余地二三分，体现了人生的一种智慧。凡事留有余地，则自由度就增加。进也可、退也可、亲也可、疏也可、上也可、下也可，处于一种自由的境地，体现了一种立身处世的艺术。

阿朱小时候家里很穷。一天，有个客人到他家，难得的诱人的鱼香，令阿朱垂涎不已。阿朱当时才6岁，还不懂得掩饰自己，他吵着要吃鱼。母亲答应了，但是有个条件：等客人吃饱后方可上桌。

阿朱不听："等客人吃饱了，鱼不就被他吃光了吗？"母亲答道："知礼的客人绝对不会将鱼翻过面来吃，另外一面一定还是好好的。不信你去窗边看看……"

阿朱来到窗边，踮着脚尖往里看，眼睛盯着桌上的那条鱼。

忽然间，客人用筷子把鱼翻了个身……阿朱失望地跑回厨房，扑进母亲怀里大哭起来。母亲也哭了，她不知该如何安抚阿朱的心。

几十年过去了，生活水平提高了，阿朱也成了一名经理。但在所有的应酬宴请中，每当有鱼上桌时，阿朱就会回忆起儿时那伤心的一幕。每次，他总是不去把鱼翻身，因为他永远记住了母亲的那句话。

阿朱是聪明的，他没因那次没有吃到鱼而遗憾，相反地却明白了一个做人的道理："凡事留有余地。"

常留余地二三分，这是因为，世界上的事变幻不定，常常有许多意想不到的事发生。人外有人，天外有天。人不要总是赢人，要留一些给别人赢；不要老想占上风，要给别人一些尊严。

这样，自己才能不断进步，人际关系才能更和谐。一句话，为人处世还是谦虚谨慎些好。如果目中无人，骄傲自满，就容易碰壁、栽跟头。

唐朝时代，有一位德山大师，精研律藏，而且通达诸经，其尤以讲《金刚般若波罗蜜经》最为得意。因俗姓周，故得了个"周金刚"的美称。

当时，禅宗在南方很盛行，德山大师就大不以为然地说："出家沙门，千劫学佛的威仪，万劫学佛的细行，都不一定能学成佛道，南方这些禅宗的魔子魔孙，竟敢妄说：'直指人心，见性成佛。'我一定要直捣他们的巢窟，灭掉这些孽种，来报答佛恩。"

于是德山大师挑着自己所写的《青龙疏钞》，出了四川，走向湖南的澧阳。

一日途中，突然觉得饥肠辘辘，看到前面有一家茶店，店里有位老婆婆正在卖烧饼，德山大师就到店里想买个饼充饥。老婆婆见德山大师挑着那一大担东西，便好奇地问道：

"这么大的担子，里面装的是什么东西？"

"是《青龙疏钞》。"

"《青龙疏钞》是什么？"

"是我为《金刚般若波罗蜜经》作的批注。"德山大师对于自己的著作，表现出很得意的神情。

"这么说，大师对于《金刚般若波罗蜜经》很有研究？"

"可以这么说！"

"那我有一个问题想请教您,您若能答得出来,我就供养您点心;若答不出来,对不起,请您赶快离开此地。"

德山大师心想:"讲解《金刚般若波罗蜜经》是我最擅长的,任你一位老太婆,怎么可能轻易就难倒我!"随即毫不在意地说:"有什么问题,你尽管提出来好了!"

老婆婆奉上了饼,说道:"在《金刚般若波罗蜜经》中说:'过去心不可得,现在心不可得,未来心不可得。'不知大师您是要点哪一个心?"

德山大师经老婆婆这一问,呆立半晌,竟然答不出一句话来。他心中又惭愧又懊恼,只好挑起那一大担《青龙疏钞》,怅然离去。

德山大师受到这次教训后,再也不敢轻视禅门中修行之人,后来来到龙潭,至诚参谒龙潭祖师,从此勇猛精进,最后大彻大悟。

世事无常,万事多留些余地,多些宽容。这是一条重要的做人准则。在你留有余地的同时,别人也会因此而受益匪浅。

待人对己都要留有余地。好朋友不要如影随形,如胶似漆,不妨保持一点距离。是冤家也不要把人说得全无是处。对崇拜的人不要说得完美无缺,对有错误的人不要以为一无是处。不要把自己看成像朵花,看别人都是豆腐渣。不要以为自己的判断绝对正确,宜常留一点余地。

一幅画上必须留有空白,有了空白才虚实相间,错落有致。有余地才更加符合实际,才更加充满希望。当然,留有余地不是一种立身处世的圆滑，不是有力不肯使，也不是逢人只说三分话，而是对世界、对自己抱一种知己知彼的理性态度，是一种理智的人生策略。

## 容人小过，不念旧恶

古人说，"水至清则无鱼，人至察则无徒"，如果一个人要求与他交往的人都像天使一样纯洁，那他就要与上帝一起生活了。有句话说得好，人无完人，孰能无过？过而能改，善莫大焉。人不是圣人，谁都会犯错，只要不是一些原则性的大错，我们就没有必要太过计较。何必因为一些鸡毛蒜皮的小事而生气烦心呢？糊涂点才是真聪明。

西汉宣帝时的丞相叫丙吉，他有一个车夫很好喝酒，醉酒后常有不检点的地方。有一次酒后为丙吉驾车，结果呕吐起来，弄脏了车子。丞相的属官为此骂了车夫一顿，并要求丙吉将此人撵走。丙吉说："何必呢！他本是一个不错的驭手，现在因为酗酒的过失被撵走了，谁还会再雇用他呢！那叫他以后怎么办！就容忍了吧，况且，也不过就是弄脏了车垫子罢了。"于是继续让他驾车。

这个车夫的家在边疆地区，经常有关于边疆情况的消息。一次他外出，正巧碰上驿站上来了个从边郡往京城送紧急文件的使者，他就跟随到皇宫正门负责警卫传达的公车令那里去打听，知道是外敌侵犯云中郡和代郡等地。他马上赶回相府，将情况报告给丙吉，并建议道："恐怕在外敌进犯的边境地区，有一些太守和长吏已经老病缠身，难以胜任用兵打仗之事了，丞相是否预先查验一遍，也好临事有个措置。"丙吉听了觉得车夫的想法很对，到底家在边境的人对这些事就考虑得特别细致，于是就召来属吏有司，让他们立即统计有关人员情况，对边境官员有个比较充分的了解。

不久，汉宣帝召见丞相和御史大夫，询问遭外敌侵犯的边境守将情况，丙吉当下一一对答如流，而御史大夫仓促间哪能回答得出，皇帝见他那副一言不发的窘态，大为生气，狠狠加以责备，而对丙吉则大加赞扬，称许他能时时忧虑边境事务，忠于职守。其实，皇帝哪里知道这全是车夫的提醒之功啊！

军国大事本不是车夫所长，丙吉在朝也难以想到边区的具体状况。只因容人小过，却意外收到了如此的效果。关键就在于在车夫身上所表现出来的化短为长的力量的作用。

可见，容忍别人的小过失，日后他必将酬答；宽大自己的仇人，他有可能会尽力相报你。

郭进任山西巡检时，有个军校到朝廷控告他，宋太祖召见了那人，审讯后知道是诬告，就将他押送回山西，交给郭进，让郭进亲自杀了他。当时正赶上北汉国入侵，郭进就对那人说："你敢

诬告我，确实还有点胆量。现在我赦免你的罪过，如果你能出其不意，消灭敌人，我将向朝廷推荐你。如果你被打败了，就自己去投河，不要弄脏了我的剑。"那个军校在战斗中奋不顾身，英勇杀敌，打了大胜仗，郭进就向朝廷推荐了他，使他得到提升。

容人小过，不仅因为我们每个人都有这样那样的过失、短处，而且还因为除了不可救药的人，都可以做到"过而能改"，并不自甘堕落。换言之，容人小过，也是在为"过而能改"的人创造改过的条件。这样才能获得别人的尊重。容人小过，不念旧恶，这是我们每个人都应该遵守的一条做人法则。

# 第四章

## 先舍后得：将欲取之，必先予之

## 善因得善果，先予而后取

先贤庄子行走于山中，看见一棵大树被奉为社神，这棵树大到可以隐蔽几千头牛，树干有数百尺粗。树梢有山那么高，树干几丈以上才分生枝杈，很多枝杈都可以做成小船。伐木的人停留在树旁却不去动手砍伐。问他们是什么原因，伐木人不屑一顾地说："那是没有用的散木。用它做船会沉，做棺材会很快腐烂，做器具就会毁坏，做门窗会流出汁液，做梁柱会生蛀虫。就是因为一无是处，所以才能长得那么茂盛。"庄子感慨地说："这棵树就是因为不成材而能够终享天年啊！"正是百无一用有大用，不争反而能为先。

关于因果之说，有很多不同的见解，庄子代表道家，道出了因果的真谛。而佛教对于因果之报，更是笃信。佛教认为，世间万物有因就有果，因果循环虽然不一定立刻显现出来，但并不等于不存在。庄子眼中的大树，历经了破而后立，也符合佛教因缘果报的说法。

弘一大师也对因果有自己的见解。他说："吾人欲得诸事顺遂，身心安乐之果报者，应先力修善业，以种善因。若唯一心求好果报，而决不肯种少许善因，是为大误。譬如农夫，欲得米谷，而不种田，人皆知其为愚也。故吾人欲诸事顺遂，身心安乐者，须努力培植善因。将来或迟或早，必得良好之果报。古人云：'祸福无不自己求之者'，即是此意也。"他认为，人的事情之所以做得顺利，能得到很多人的帮助，是因为这个人以前做过很多好事，也帮助过别人。因此，若想得到好的果报，不肯先付出是不可能的。这正如农夫种地，想有好的收成却不先辛勤种地，可能吗？所以，我们若想事情有好的结果，就应该先付出，这样才会有相应的收获。福祸也是如此，塞翁失马，焉知非福。有时候因为自己的缺憾，反而为自己带来益处，生活就是这样存在着因果福报的。

世间的得失与取舍关系都是相通的，都符合因果循环。生活有失才有得，想要有取便必须学会给予。"取"与"予"之间并不是相互对立的，如果我们只是一味地想去索取，那么，我们将活在地狱；倘若我们懂得"先予而后取"的道理，那么，我们便活在天堂。

## 敢于吃亏，天地更宽

世界上，有付出必然有回报，生活中有太多这种事情，尤其在生意场上。如果一个人能心平气和地对待吃亏，表现自己的度量，他就更易获得他人的青睐，获得经商所需要的资源，从而获得商业上的成功。华人首富李嘉诚说："有时看似是一件很吃亏的事，往往会变成非常有利的事。"说的就是这个道理。

太平洋建设集团创始人严介和就敢于"吃亏"，这也是他在商场中叱咤风云，将生意做大、做强的重要法宝。

1992年，严介和东拼西凑10万元在淮安注册了一家建筑公司。当时，南京正在进行绕城公路建设，严介和知道后，先后往返南京11趟，最终得到了3个小涵洞项目。这时，项目到严介和手里已经是第五包了，光管理费就要交纳36%，总标的不足30万。

这是一个注定亏本的"买卖"，当时算账预计亏损5万元左右。可严介和对自己的员工说："亏5万不如亏8万，要亏就多亏点，一定要保证质量。"结果，本应140天完成的工作量，严介和带领大家只用了72天就完工，其速度令工程指挥部大吃一惊。更令人振奋的是，指挥部在对3个小涵洞验收的时候，检测结果质量全优。

严介和以"吃亏"为经营理念，打响了自己的品牌。从此，他一发不可收拾，业务不断迅速扩大。先后参与了南京新机场高速、京沪高速、江阴大桥、连霍高速、沂淮高速、南京地铁等一系列国家和省市重点工程的建设。

每当谈起南京绕城公路项目时，严介和总是说："亏5万不如亏8万，后来赚了800万，这就是太平洋的第一桶金。如果不亏，我这个苏北人能拿到订单吗？两眼一抹黑，什么人也不认识。可就是从那里起步,今天的诚信是明天的市场、后天的利润。"

生意场上,是看到眼前的比较直接的"小利益",还是把眼光放长远一些,发现更大,但可能比较隐蔽的"大利益"呢?这可是个很大的学问。很多人往往见便宜就想得,生怕自己吃一丁点亏,这样一来使自己的路越来越窄,也很难有大发展。试想,如果每一个老板都打着自己的小算盘,整日盘算着如何聚敛更多的财富,如何使自己比别人获得的收益更多,这样有谁还愿意为其卖命呢?

聪明的商人则懂得吃亏,自己吃点亏,让别人得利,就能最大限度地调动别人的积极性,使自己的事业兴旺发达。譬如你卖给别人2斤肉,回家之后称,正好2斤,他心里不会有什么感觉;如果多一两,他心里会很舒服,下回还会去你那里买;如果差个两三两,下回肯定不去了。

一个人独资经营的情况下,不仅势单力薄,而且人力、才智匮乏,资金上也很难维持长久的、快速的增长。如果能找到可

以长期合作的合伙人，就会增强公司的实力，虽然部分利益会分给合作伙伴，但较之无法持续经营的情况，实在是好上太多了。甚至当你遇到坎坷无法使合作继续进行的时候，不妨吃点亏，也许天地就更宽广，利润也更高。

"吃亏是福"不是句空话，尤其是关键时候要有敢于吃亏的气量，这不仅体现你大度的胸怀，同时也是做大事业必备的素质，这是智者的智慧。

## 以小博大，重在积累

以小博大的智慧不仅仅是四两拨千斤，还在于财富的积累。金钱如同人一样，你越尊重它，它就越拥护你；你越藐视它，它就越避开你。我们的财富要从小钱开始积累。

悉尼奥运会时曾经举办过一个以"世界传媒和奥运报道"为主题的新闻发布会。在座的有世界各地传媒大亨和记者数百人。

就在新闻发布会进行之时，人们发现坐在前排的炙手可热的美国传媒巨头NBC副总裁麦卡锡突然蹲下身子，钻到了桌子底下。他好像在寻找什么。大家目瞪口呆，不知道这位大亨为什么会在大庭广众之下做出如此有损自己形象的事情。

不一会儿，他从桌下钻出来，手中拿着一支雪茄。他扬扬手中的雪茄说:"对不起,我到桌下寻找雪茄。因为我的母亲告诉我,应该爱护自己的每一个美分。"

麦卡锡是一个亿万富翁,有难以计数的金钱,他可以买到一切可以用钱买到的东西,一支雪茄对于他来说简直微不足道。按照他的身份,应该不理睬这根掉到地上的雪茄,或是从烟盒里再取一支,但麦卡锡却给了我们令人意料不到的答案。

财富的积累离不开金钱的积累,这是麦卡锡给我们的启示。而要积累金钱,还得掌握金钱的特性,因为钱是喜欢群居的东西,当它们处于分散的状态时,也许没有什么威力;但当它们由少成多地聚集起来时,成千上万的金币就会发挥巨大的力量。另外,金钱还有这么一个特性,就是你越尊重它,它便越拥护你;你越藐视它,它便越避开你。为此,要想积累财富,首先就得掌握金钱的特性,不要放过身边的每一个小钱。

有些人一开始就摆出一副要赚大钱的架势,小钱不赚,结果常常是两手空空,一分钱也没赚到。其实,有很多大富翁、大企业家,都是从挣小钱起家的。从挣小钱开始,可以培养你的自信。因为,挣小钱容易,当挣到第一笔钱后,你就会对自己的能力有所了解,你就会相信自己有把事情做好的能力。

成功的犹太商人并不是起点很高,并不是一开始就想着要做大生意、赚大钱。他们懂得,凡事要从细小的地方入手,一步一步进行财富的积累,雪球才会越滚越大。

凡事从小做起,从零开始,慢慢进行,不要小看那些不起眼的事物。犹太商人的经商之道从古至今永不衰竭，已经被许多成功人士演练了无数次。

## 主动让利，追求长远利益

莱文的公司是一家以销售产品原材料为主的公司，曾经与某公司有过长期的合作关系，莱文以合同规定的价格向其销售原材料。

一次，这家公司的副总裁沃尔森提出想要与莱文全面协商一些重要的合作事宜。

莱文如约和沃尔森会晤。莱文知道他想要干什么。果然不出所料，他对莱文说："我反复地翻阅了一下我们以前所签的合同，发现我们现在无法按照原定合同规定的价格向你购买原材料，原因是我们发现了更低的价格。"

莱文本来可以对他说"我们白纸黑字早就签好了合同，你不可以单方面撕毁合约，至于其他的事，我们等这次合同期满之后再谈"。

这样，即使沃尔森再不情愿，也只能履约而不能擅自停止采购原材料，但他无疑会因此而感到不舒服。

此时莱文的事业正在蓬勃发展，他需要与这个重要的客户保持长期而又稳定的合作关系，于是，莱文说："那么，请你告诉我你想出什么价？"

沃尔森说："我们要求也不高，单价15美分可以吧。"接着他向莱文解释了一下之所以提出这一降价要求的原因。原来有一家远在数百公里以外的公司给出了14美分的价格，但从那里把原材料运过来，需要另加2美分的运费。所以沃尔森要求把单价降到15美分。

莱文沉吟了一下，在纸上算了一会儿，然后抬起头来对沃尔森说道："我给你12美分。"沃尔森不由得大吃一惊，不相信地问道："你在说什么？是说要给我12美分吗？可我说过我们15美分就可以接受。"

莱文说："我知道，但是我可以给你们12美分的价格。"

沃尔森问："为什么？"

莱文说："请你告诉我你打算与我们合作多长时间？"

沃尔森说："这个自然是看我们彼此合作的情况来定了，就目前来讲，我很乐意与贵公司保持长久而愉快的合作关系。"

莱文得到了一个长期合作的承诺，对方得到了一个满意的价格。

在现代社会里，消费者是至高无上的，没有一个企业敢蔑视消费者的意志。只考虑自己的利益，任何产品都卖不出去。因此，推销员在销售自己的产品时，一定要进行深入思考，既要考虑自身利益，还要考虑客户的利益，只有做到互惠互利，才能把销售工作搞好。尤其是在面对一些销售难题的时候，如果主动给客户一个好价格，不仅可以使销售难题迎刃而解，更可以以牺牲一小部分的利益来换取更大的利益。这个案例就是一个以主动让利获得长远利益的典型案例。

案例中，莱文与沃尔森已有过长期的合作关系，但因沃尔森发现了更低的价格，双方再次会晤商谈。我们可以看到，当沃尔森提出价格问题时，莱文知道客户已经进行过调查，这是客户左脑做出的理性决策，而自己只有使用左脑，才能让客户满意。

于是，他并未要求客户按合同执行，而是询问对方可以接受的价格，当沃尔森提出15美分的价格时，莱文通过计算（左脑能力），最后给出了12美分的价格，让对方始料不及，成功地打动了客户，既让客户认为得到了一个好价格，又让客户感觉到莱文希望长期合作的诚意，加深了好感，为以后的合作打下了良好的基础。

在整个会谈过程中，莱文一直在控制着局面，既让客户得到了利益，又让自己获得了长远的利益。因此，作为一个杰出的推销员，在发现一个很有潜力也很有实力长期合作下去的客户时，一定要善于思考，主动放弃眼前的利益，追求更长久的合作，以获得长远的利益，这才是一个销售高手能力的完美体现。

# 第五章

## 放下不必要的负累，人生才能走得更远

## 别让欲望成为心灵的陷阱

　　想拥有美好的东西没有错,但这世间美好的东西实在是太多了,我们总希望让尽可能多的东西为自己所拥有,殊不知在你贪婪的占有中,你的心灵也被腐蚀了。

　　人们总想多得一些,结果往往不知不觉地连自己也失掉了。因此,我们要懂得如何享用你所拥有的,并丢弃不切实际的欲念。可很多人虽然拥有了却不知珍惜,反而想要更多。

　　有一天,一个老头在森林里砍柴。他抡起斧子正准备砍一棵树,突然从树上飞出一只金嘴巴的小鸟。

　　小鸟对老头说:"你为什么要砍倒这棵树呀?"

　　"家里没柴烧。"

　　"回家去吧,你不要砍倒它。明天你家里会有很多柴的。"说完,小鸟就飞走了。

　　老头空手回到家,他对老太婆说:"上床睡觉吧,明天家里会有很多柴的。"

　　第二天,老太婆发现院子里堆了一大堆柴,就叫老头:"快来看,快来看,是谁在我家院子里堆了这么一大堆柴。"

　　老头把遇到了金嘴巴鸟的经过告诉了老太婆,老太婆说:"柴是有了,可是我们却没有吃的。你去找金嘴巴鸟,让它给我们点吃的。"

老头又回到森林里的那棵树下。这时,金嘴巴鸟飞来了,它问:"你想要什么呀?"

老头回答说:"我的老太婆让我来对你说,我们家没有吃的了。"

"回去吧,明天你们会有许多吃的东西的。"金嘴巴鸟说完又飞走了。

老头回到家,对老太婆说:"上床睡觉吧,明天家里会有许多食物的。"

第二天,他们果真发现家里出现了许多鱼、肉、水果、甜食、葡萄酒和他们想要的其他食物。他们饱餐了一顿后,老太婆对老头说:"快去找金嘴巴鸟,让它送我们一个商店,商店里要有许许多多的东西,这样,我们以后的日子就舒服了。"

老头又来到了森林里的那棵树下。金嘴巴鸟飞来问他:"你还想要什么?"

"我的老太婆让我来找你,她请你送给我们一个商店,商店里的东西要应有尽有。她说,这样我们就可以舒舒服服地过日子了。"

"回去吧,明天你们会有一个商店的。"金嘴巴鸟说。

老头回到家把经过告诉了老太婆。

第二天他们醒来后,简直都不敢相信自己的眼睛了。家里到处都是好东西:锅、戒指、布匹、纽扣、镜子……真是应有尽有。老太婆仔细地清理了这些东西以后,又对老头说:"再去找金嘴巴鸟,让它把我变成王后,把你变成国王。"

老头回到森林里，他找到了金嘴巴鸟，对它说："我的老太婆让我来找你，让你把她变成王后，把我变成国王。"

金嘴巴鸟冷漠地望了一下老头，说："回去吧，明天早上你会变成国王，你的老太婆会变成王后的。"

老头回到家，把金嘴巴鸟的话告诉了老太婆。

第二天早上醒来，他们发现自己穿的是绫罗绸缎，吃的也是山珍海味，周围还有一大帮侍臣奴仆。

但是，老太婆对此仍不满足，她对老头说："去，找金嘴巴鸟去，让它把魔力给我，让它来宫殿，每天早上为我跳舞唱歌。"

老头只好又去森林找金嘴巴鸟，他找了好长时间，最后总算找到了它，老头说："金嘴巴鸟，我的老太婆想让你把魔力给她，她还让你每天早上去为她跳舞唱歌。"金嘴巴鸟愤怒地盯着老头，它说："回去等着吧！"

老头回到家，他们等待着。

第二天起床后，他们发现自己被变成了两个又丑又小的矮人。

事实上，我们拥有快乐和生命已经是人生最大的拥有，又何必贪求得太多呢？贪婪的最后结果只能是一无所有。

人生如白驹过隙一样短暂，有的人在这有限的生命空间里，只知道一味地索取更多，他们拥有了阳光的明媚，还想把璀璨的星光据为己有，但是越是想要占有，越是失去更多。

## 铅华洗尽，才有持久的美丽

一天，真实和谎言一起到河边洗澡。真实细致地刷洗着自己身上的污垢，而谎言则匆匆忙忙地洗完澡独自上了岸。

它偷偷穿上了真实的衣服，悄悄地溜走了。当真实上岸之后，找不到自己的衣服，却也不愿意穿谎言的衣服，于是只好一丝不挂地走回去，一路寻找着谎言。

从此，人们错把穿着衣服的谎言当作真实，百般敬重；而真实则因为一直赤裸裸的而遭受了别人的不屑和白眼。

披着"真实"外衣的"谎言"赢得了人们的尊重，而这些人，也必然会为自己轻率的判断付出代价，因为真实与谎言的最终结果，必然是"真实归于真实，谎言归于谎言"。

一个谎言需要一千个谎言来维持，这正是星云大师之所以认为虚伪过日子是世上最累人的事的原因。不管多么周密的谎言，总有一天会在阳光的照射下被揭穿。而赤裸裸的真实，也总能够绽放出自己华美的光彩。

浓妆艳抹的风姿虽然能够在第一时间吸引住别人的目光，但洗尽铅华后的本色才更加持久。

浪漫和现实是一对相识已久的恋人。

一次，为了考察现实对自己的忠诚程度，浪漫问："你到底爱不爱我？"

"12分地爱你！"现实回答。

"那假设我去世了，你会不会跟我一起走？"

"我想不会。"

"如果我这就去了，你会怎样？"

"我会好好活着！"

浪漫心灰意懒，深感现实靠不住，一气之下和现实分开了，去远方寻觅真爱。

浪漫首先遇到了甜言，接着又碰见蜜语，相处一年半载后，均感不合心意。过烦了流浪的日子，浪漫通过比较，觉得现实还是多少出色一些，就又来到现实身边。

此时，现实已重病在床，奄奄一息。

浪漫痛心地问："你要是去世了，我该怎么办呢？"

现实用最后一口气吐出一句话："你要好好活着！"

浪漫猛然醒悟。

现实给出的答案虽然并不能让人动心，但我们却无法不为它的真实所震撼。真正的浪漫，源自爱，也源自责任，甜言蜜语固然能让人得到一时的快乐，可是，它却不能成为终身的依靠。

爱情如此，世间万事哪一件不是如此？

人的生命很脆弱，从牙牙学语到撒手人寰，短暂的几十年我们从轻狂到沧桑，从迷恋刹那间流萤烟火的璀璨到回归冷漠的沉静，从喜欢斑斓的色彩到挚爱黑与白的变奏，这是生命成熟的必经阶段，也是铅华洗尽之后骤然的觉悟。

就像我们总是为路边默默开放的野花而感动，它们不施粉黛，无人宠爱，只有大自然的风吹日晒，间或行人匆匆一瞥。它们一簇一簇地开放，平凡而美丽，无闻却伟大，不为惊叹的赞美，只为平凡的一生。

美丽，在洗尽铅华之后，永恒绽放！

## 知止是一种人生智慧

用愚蠢来掩饰智慧，用智慧来停止斗智，这是真正的智慧。

汉武帝晚年时，宫中发生了诬陷太子的冤案。当时，太子的孙子刚刚生下几个月，也遭株连被关在狱中。丙吉在参与审理此案时，心知太子蒙冤，他几次为此陈情，都被武帝呵斥。他于是在狱中挑选了一个女囚负责抚养皇曾孙，自己也对其多加照顾。丙吉的朋友生怕他为此遭祸，多次劝他不要惹火烧身，并且说："太子一案，是皇上钦定，我们避之尚且不及，你何苦对他的孙子优待有加？此事传扬出去，人们只怕会怀疑你是太子的同党了，这是聪明人干的事吗？"

丙吉脸现惨色，却坚定地说："做人不能处处讲究机心，不念仁德。皇曾孙只是个娃娃，他有什么罪？我这是看到不忍心才有的平常之举，纵使惹上祸患，我也顾不得了。"后来武帝生病卧床，听到传言说长安狱中有天子之气，于是下令将长安的罪囚一律处死。使臣连夜赶到皇曾孙所在的牢狱，丙吉却不放使臣进入，他气愤道："无辜者尚不致死，何况皇上的曾孙呢？我不会让人们这样做的。"

使臣不料此节，后劝他道："这是皇上的旨意，你抗旨不遵，岂不是自寻死路？你太愚蠢了。"丙吉誓死抗拒使臣，他决然说："我非无智之人，这样做只为保全皇上的名声和皇曾孙的性命。事既如此，我若稍有私心，大错就无法挽回了。"

使臣回报汉武帝，汉武帝长久无声，后长叹说："这也许是天意吧。"他没有追究丙吉的事，反而因此对处理太子事件有了不少悔意。他下诏大赦天下罪人，丙吉所管的犯人都得以幸存。多年之后皇曾孙刘询当了皇帝，是为宣帝。丙吉绝口不提先前他对宣帝的恩德。知晓此情的他的家人曾对他说："你对皇上有恩，若是当面告知皇上，你的官位必会升迁。这是别人做梦都想得到的好事，你怎么能闭口不说呢？"丙吉微微一笑，叹息说："身为臣子，本该如此，我有幸回报皇恩一二，若是以此买宠求荣，岂是君子所为？此等心思，我向来绝不虑之。"

后来宣帝从别人口中知晓丙吉的恩情，大为感动，夜不能寐，敬重之下，他封丙吉为博阳侯，食邑1300百户。神爵三年，丙吉出任丞相。在任上，他崇尚宽大，性喜辞让，有人获罪或失职，只要不是大的过失，他只是让人休假了事，从不严办，有人责怪他纵容失察，他却回答说："查办属官，不该由我出面。若是三公只在此纠缠不休，亲历亲为，我认为是羞耻的事。何况容人乃大，一旦事事计较，动辄严办，也就有违大义了。"丙吉性情温和，从不显智耀能，不知情者以为他软弱好欺，并无真才实学，他也从不放在心上，也不会因此改变心意。

一次，丙吉在巡视途中见有人群殴，许多人死伤在地，丙吉问也不问，只顾前行。看见有牛伸舌粗喘，他竟上前仔细察看，很是关心。他的属官大感不解，以为他不识大体，丙吉解释说："智慧不能乱用乱施，否则就无所谓智慧了。惩治狂徒，确保境内平安，那是地方长官之事，我又何必插手管理？现在正是初春，牛口喘粗气，当为气节失调，如此百姓生计必定会受到伤害，这是关系天下安危的事，我怎能漠视不理？看似小事，其实是大事，身为宰相，只有抓住要领，才能不失其职。"丙吉的属官恍然大悟，深为叹服。那些误解丙吉的人更是自愧不已，暗自责备自己的浅薄和无知。

止的含义是有着深刻的内涵的。作为一种大智慧，它绝不是简单的停止无为。它是一招因时而变、出奇制胜的妙法，也是深合事理、退中求进的处世哲学。对于只知冒进、急功近利者，止的运用尤显珍贵。

## 太忙碌，会错失身边的风景

生活中，无数人的口头禅是"我忙啊"。没时间回家看看，没时间与好友聚会，没时间慢慢恋爱，忙得无心，忙得无情。

朋友啊，要充分享受生活，就一定要学会放慢脚步。当你停止疲于奔命时，你会发现生命中未被发掘出来的美；当生活在欲求永无止境的状态时，你永远都无法体会到生活的真谛。

虽然放慢脚步对一向急躁的现代人来说是件难上加难的事，而且许多人对此根本就无暇考虑。但享受生活的一个重要条件就是，你必须注意自己的所作所为，然后放慢脚步。

因为我们总是在赶时间，所以很少有机会与朋友进行心灵的恳谈，结果我们就变得越来越孤独；因为忙碌，我们只知根据温度来添减衣服，却忽略了四季的更替，就这样不知不觉地过了一年又一年；因为我们忙得没有时间注意所有征兆，甚至连身体有病的早期征兆都觉察不出来……

古人云："此生闲得宜为家，业是吟诗与看花。"这种寄生于绿柳红墙的庄园主情趣，现代人怕是难得享受了，现代文明早已将此情调连同那个社会一同埋葬了。

英国散文家斯蒂文生在散文《步行》中写道："我们这样匆匆忙忙地做事、写东西、挣财产，想在永恒时间的微笑的静默中有一刹那使我们的声音让人可以听见，我们竟忘掉了一件大事，在这件大事中这些事只是细目，那就是生活。我们钟情、痛饮，在地面来去匆匆，像一群受惊的羊。可是你得问问你自己：在一切完了之后，你原来如果坐在家里炉旁快快活活地想着，是否比较更好些。静坐着默想——记起女子们的面孔而不起欲念，想到人们的丰功伟绩，快意而不羡慕，对一切事物和一切地方有同情的了解，而却安心留在你所在的地方——这不是同时懂得智慧和德行，不是和幸福住在一起吗？……"

他告诫我们，太忙碌，会忘却生活的意义和幸福。

时间飞快地从我们身边滑过，开始我们总认为这样紧张忙碌是有价值的，结果我们两手空空地走向了生命的尽头。

所以，放慢一些脚步，尽情地去享受你的人生、你的生活吧！因为享受生活是帮助我们充实人生、帮助人生充满活力的方法。

## 给幸福的生活脱去复杂的洋装

在一个艳阳高照的午后,一个勤劳的樵夫扛着重重的斧头上山去打柴,一路上不觉汗如雨下。就在他停下脚步准备稍作休憩之时,他看到一个人正跷着二郎腿,悠闲地躺在树底下乘凉,便忍不住上前问道:"你为什么躺在这里休息,而不去打柴呢?"

那个人看了樵夫一眼,不解地问道:"为什么要去打柴呢?"

樵夫脱口而出:"打了柴好卖钱呀。"

"那么卖了钱又干什么呢?"乘凉的人进一步问道。

"有了钱你就可以享受生活了。"樵夫满怀憧憬地说。

听到这话,乘凉的人禁不住笑了,他意味深长地对樵夫说道:"那么你认为,我现在又是在做什么呢?"

听见此话,樵夫顿时无语,那么到底,打柴是为了什么?享受生活,不就这么简单吗?

在追求幸福的途中,我们往往会为生活戴上重重的枷锁,殊不知退去复杂的洋装,才能展露出幸福生活的本质。故事中乘凉的人没有把自己盲目地投入到紧张的生活中,而是恬然地享受悠闲自在的日子——躺在树下轻松自由地呼吸,对生命充满着由衷的喜悦与感激。这种简单的生活方式是多么惹人羡慕,多么令人向往啊。这种发自内心的简单与悠闲,正是幸福生活的真谛所在，睿智如他，快乐而洒脱地抓住了快乐的尾巴。

在我们忙忙碌碌，为生活所累的时候，是否应该回头看一看自己的生活？当我们不断地抱怨，被无穷无尽的牢骚所淹没的时候，是否应当重新考量生活的定位？现如今的我们正被包围在混乱的杂事、杂务，尤其是杂念之中，却不知到底是为谁辛苦为谁忙。一番苦痛和挣扎之后，一颗颗活跃而跳动的心被挤压成了无气无力的皮球，在坚硬的现实中疲软地滚动。也许是因为在竞争的压力下我们逐渐丧失了内心的安全感，于是就产生了担心无事可做的恐惧，也许是内心的不安使我们急欲去寻找可以依靠的港湾，所以才越发急着找事做来自我安慰。不知不觉中，我们陷入了一种恶性循环，逐渐远离真正的快乐、远离真实的生活。

也许我们真的太累了，我们疲惫的内心，需要得到休憩的空间。在不断追逐的过程中，我们是不是可以尝试着放弃一些复杂的东西，让一切都恢复简单。其实生活本身并不复杂，真正复杂的是我们的内心。因而，要想恢复简单的生活，必须从"心"开始。

对"幸福"的需求是永无止境的，没完没了地去追求大家普遍认同的"所谓"幸福——大房子、新汽车、时髦服装、朋友、事

业，尽管可以在某些方面得到一时快乐和满足，却无法获得内心的真正满足。这些东西尽管绚烂，尽管浮华，尽管带着美丽的外表，穿着诱人的洋装，最终带给我们的，只是患得患失的压力和永无止境的挣扎。想要获得真正的幸福，就必须褪去层层叠叠的枷锁，脱去生活复杂的洋装，就像故事中乘凉的人那样，呼吸清新自由的空气，悠闲自在地享受简单而又干净的生活。

## 让都市人的心灵回归简单

人生就好像背着背包去旅行，背的东西越多，自己的脚步就会越沉重。

《简单生活》的作者丽莎·茵·普兰特说过，"简单不一定最美，但最美的一定简单"。由此可见，最美的生活也应当是简单的生活。在西方社会，简单主义正在成为一种新兴的生活主张。因为大多数的生活以及许多所谓的舒适生活，不仅不是必不可少的，而且是人类进步的障碍和历史的悲哀。在这种情况下，人们更愿意选择另一种生活方式，过简单而真实的生活。

一天夜里，玛丽在她的无电小屋中和家人围坐在炉火前望着窗外的星空，静静地聆听，静静地观察。桌上几只蜡烛跳动着火焰，炉中黑色的铁锅在冒着热气。玛丽在她所在的社区的一次停电中，发现了许多事情的真相。在那次意外的停电中，玛丽和她的家人，对黑暗所带来的神秘和欢喜的体验印象深刻。黑暗给人们带来的不仅有神奇的萤火虫，还有城市的静寂、久违的家庭温馨和邻里的关怀。

当你用一种新的视角观察生活、对待生活时，你会发现简单的东西才是最美的，而许多美的东西正是那些最简单的事物。

有这么一位行吟诗人，他一生都住在旅馆里。他不断地从一个地方旅行到另一个地方。他的一生都是在路上、在各种交通工具和旅馆中度过的。当然这并不是因为他没有能力为自己买一座房子，这是他选择的生活方式。后来，鉴于他为文化艺术所作的贡献，也鉴于他已年老体衰，政府决定免费为他提供住宅，但他还是拒绝了，理由是他不愿意为房子之类的麻烦事情耗费精力。就这样，这位特立独行的行吟诗人，在旅馆和路途中度过了自己的一生。他死后，朋友为他整理遗物时发现，他一生的物质财富就是一个简单的行囊，行囊里是供写作用的纸笔和简单的衣物；而在精神财富方面，他给世界留下了10卷优美的诗歌和随笔作品。

这位诗人的生活是简单而富有意义的。他的人生是一种去繁就简的人生，没有太多不必要的干扰，没有太多欲望的压迫，是一种简单而又纯粹的人生。

人的一生难免会有许多欲望和追求，诸如房子、汽车、金钱、爱情，以及对生命的信仰。不知不觉中我们已经拥有了很多，这些东西有些是我们必需的，而有些却是没有一点用处的。

那些没有实际用处的东西，除了满足我们的虚荣心和攀比心以外，只会将我们的心灵弄得烦躁不安。

就好像背着背包去旅行，装的东西越多，自己的脚步就会越沉重。所以，与其让自己在疲惫与痛苦中前行，不如将心里的包袱放下。做最简单的自己，做最快乐的自己。

# 第六章

你给生活好意境,
生活才会给你好风景

## 生活如镜，给它以微笑，它必将报你以微笑

生活需要微笑。面对人生的风雨、情感的失意、事业的低谷，不妨淡然一笑。

笑代表着乐观、达观；笑是一种胸怀；笑更是一种生活的境界；笑还是对生活的勇气和信心。

给生活以微笑，生活必将还你以微笑。

当我们冷落了快乐、幸福时，多读一读美国作家奥格·曼迪诺的《笑遍世界》，你会从中寻见幸福的踪影：

我要笑遍世界。

世上种种到头来都会成为过去。心力衰竭时，我安慰自己，这一切都会过去；当我因成功扬扬得意时，我提醒自己，这一切都会过去；穷困潦倒时，我告诉自己，这一切都会过去；腰缠万贯时，我也告诉自己，这一切都会过去。是的，昔日修筑金字塔的人早已作古，埋在冰冷的石头下面，而金字塔有朝一日，也会埋在沙子下面。如果世上种种终必成空，我又为何为今日的得失斤斤计较。

我要笑遍世界。

我要用笑声点缀今天，我要用歌声照亮黑夜。我不再苦苦寻觅快乐，我要在繁忙中忘记悲伤。

我要笑遍世界。

笑声中，一切都显露本色。我笑自己的失败，它们将化为梦的云彩；我笑自己的成功，它们终将恢复本来面目；我笑邪恶，它们离我而去；我笑善良，它们发扬光大。我要用我的笑容感染别人，虽然我的目的自私，因为皱起眉头会让顾客弃我而去。

我要笑遍世界。

从今往后，我只因幸福而落泪，因为悲伤而悔恨，挫折的泪水毫无价值，只有微笑可以换来财富，善言可以建起一座城堡。

我不再允许自己因为变得重要、聪明、体面、强大而忘记嘲笑自己和周围的一切。在这一点上，我要永远像小孩子一样，因为只有做回小孩子，我才能尊敬别人，我才不会自以为是。

我要笑遍世界。

只要我能笑，就永远不会贫穷。这也是天赋，我不再浪费它。只有在笑声和快乐中，我才能真正体会到成功的滋味，只有在笑声和快乐中，我才能享受劳动的果实，如果不是这样的话，我会失败，因为快乐是提味的美酒佳酿。要享受成功，必须先有快乐，而笑声便是那伴娘。

我要笑遍世界。

## 回不到昨天，却能过好今天

"昨日像那东流水，奔流到西不复回。"成功与失败都被翻成了淡淡的黄色，也许，你曾经在脚步匆匆时留下了遗憾，然而，走过的岁月，再也无法回去，虽然已回不到昨天，我们却可以过好今天。

有人说，生活是无法重演的戏，纵使千百次的复现昨日也无法将它拿来一笔勾去，我们不能总是沉浸在对过去的回忆里，迟迟不前。过于沉湎于过去，就会成为今天的羁绊，让明天依旧遗憾今日。聪明的人，不问过去，他会过好今天，让每一个今天都充满意义，为自己绘出一个丰富多彩的明天。

在一次演讲会上，一位著名的演说家手里高举着一张10美元的钞票，讲了一句开场白。面对大厅内的听众，他问："谁要这10美元？"一只只手举了起来。

"我打算把这10美元送给你们中的一位，但在这之前，请准许我做一件事。"他说着将钞票揉成一团，然后问："谁还要？"仍有人举起手来。

"那么，假如我这样做又会怎么样呢？"他接着把钞票扔到地上，又踏上一只脚，并且用脚踩它。当钞票已变得又脏又皱的时候，他才捡起来。

"现在谁还要？"还是有人举起手来。

"朋友们，你们已经上了一堂很有意义的课。无论我如何对待那张钞票，你们还是想要它，它并没贬值，它依旧值10美元。在人生路上，我们会无数次被自己的决定或碰到的逆境击倒、欺凌甚至被碾得粉身碎骨。我们会觉得自己似乎一文不值。但无论发生什么，或将要发生什么，在上帝的眼中，我们是永远不会丧失价值的。无论肮脏或洁净，衣着齐整或不齐整，每一个人依然是无价之宝。"

我们的生活就像那张钞票，不管你是多么的追求完美，你也无法将过去不够完美的日子像钞票一样撕去，它也不会因为曾经的污浊或是不够完美而被贬值，每个人都不会在意被踩过的钞票，每个人也不应该因自己过去日子的不够完美而耿耿于怀，因为，我们大可以把目光放在今天，抓住了今天，生活才不会继续发霉，才会永远保值。

我们也都听过"头悬梁，锥刺骨"的故事，苏秦年轻的时候，由于学问不够渊博，游走很多地方做事，都受到冷遇。后来，他躬身自省决定回家，没想到连家人对他也很冷淡，瞧不起他。巨大的打击没有让他丧失斗志，他下定决心，忘记过去的仕途不顺和他人的冷眼相待，也不追究自己曾经的努力为何徒劳无功，他决定抓住今天发愤读书。后来，他常常读书到深夜，疲倦至极时他就想了一个办法。他准备了一把锥子，瞌睡时，就用锥子往自己的大腿上刺一下，这样，猛然间的疼痛感会让他保持清醒，继续读书。

后人常用他的故事激励人们发愤读书学习。现在仔细想来，苏秦面对的境况又何止是只需努力学习那么简单，有时候，心理上的打击要远胜过身体上的疲劳，我们佩服他锥刺股的学习精神，更感叹他的勇气，因为他知道过去已不可留，今日才是我们所能选择的。所以，他选择忘记昨天的悲喜，把目光放在了当下。

频频回首，要么是因为不舍，要么是因为遗憾，于是，有人重复着"想要把你忘记真的好难"，在一次次重复中让今天也成了遗憾。聪明的人，会把过去收起，努力过好每一个今天。有人说：记住该记住的，忘记该忘记的。改变能改变的，接受不能改变的。既然回不到昨天，那么就过好今天。

## 你所拥有的，才是真正的财富

人人都渴望得到财富，而财富究竟为何物，怎样的人生才算是幸福的人生？星云大师在《求财富祈愿文》中向佛陀祈求七种财富：

第一种，祈求您给我健康的身体。

第二种，祈求您给我慈悲的心肠。

第三种，祈求您给我智能的头脑。

第四种，祈求您给我勤俭的美德。

第五种，祈求您给我宽广的胸怀。

第六种，祈求您给我内心的智能。

第七种，祈求您给我世间的因缘。

这七种财富，都是我们通过自我修炼能够获得的，并且是真正的、自在的不会拖累己身的财富。

人生走到暮年，已垂垂老矣，只有回忆占据内心时，历数一生的喜怒哀乐以及繁华落寞，怎样的来路才会让人感觉到充实呢？若将财富得失的心态抛至脑后，我们很容易发现自己原来一直如此富有。

人常说，知足常乐。知足是一种处世态度，常乐是一种释然的情怀。知足常乐，贵在珍惜，珍惜自己所拥有的一切，不抱怨不贪求。当我们都因忙于追求、拼搏而失去方向的时候，知足常乐，这种在平凡中渲染的人生底色所孕育的宁静与温馨，对于风雨兼程的我们是一个避风的港口。真正做到知足常乐，人生会多一份从容，多一些达观。

做人要知道满足，要懂得珍惜，不可贪得无厌。每个人出生时不可能都含着一把通向富贵、幸福之路的钥匙，但是每个人都拥有一双勤劳的手，不要把对美好生活的期待寄托在上天的恩赐上，美好的生活应该靠勤劳的双手去创造。

对于一个不知足的人来说，天下没有一把椅子是舒服的，他

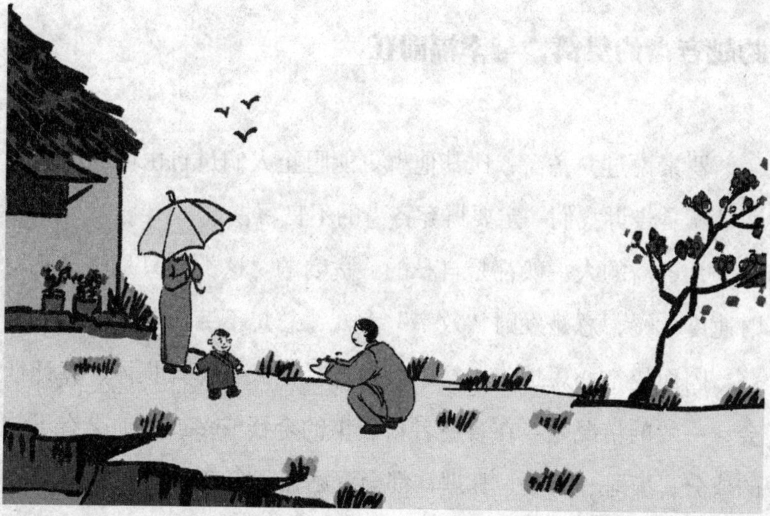

也永远无法看到自己所拥有的青春、能力、经验、激情、教养、信念……不满之心就像是一团熊熊烈火，柴放得越多，烧得越旺；火烧得越旺，人就越有添柴的冲动。于是，人奔来奔去，忙里忙外，既无暇休息，也体会不到忙碌的乐趣。

星云大师说，知足是天下第一富。人如果不知足，虽在天堂却犹处地狱；能够知足的人，虽卧荒地也如天堂。

无法看到自己所拥有的，就无法珍惜，这是一种极其危险的情绪，既能够摧毁有形的东西，也能搅乱我们的内心世界。擦亮眼睛，看看我们所拥有的财富：生命、时光、理想、热情、知识、亲情、友谊……你拥有的，才是你真正的财富。

## 跨越吝啬的樊篱，与幸福同在

罗素说过，吝啬，比其他事更能阻止人们过自由而高尚的生活。就是告诉我们一定要摒弃吝啬的不良习惯。

凡吝啬的人一般都是自私的、贪婪的。这类人只是嫌自己发财速度太慢，总嫌发财"效率"太低，总想不劳而获或者少劳多获，因而挖空心思地、不择手段地算计他人、算计集体、算计社会，一般的情况是：在吝啬者口袋里的金钱或多或少地带有不洁的成分，廉耻、天良、真理，都会沉溺在吝啬者的吝啬之中。

这种过于吝啬的习性的一种表现是与人交往只索取不奉献。

有个勤劳而忠实的男孩叫汤姆，他一个人住在一间小屋子里，并且拥有一座在村庄里最美丽的花园。小汤姆有很多的朋友，但其中有一个磨坊主叫汤恩。汤恩是个很富有的人，他总自称是小汤姆最忠厚的朋友，因此他每次到小汤姆的花园来时，都以最好的朋友的身份拎走一大篮子各种美丽的鲜花，在水果成熟的季节还拿走许多水果。

汤恩经常说："真正的朋友就该分享一切。"而他却从来没有给过小汤姆什么。

冬天的时候，小汤姆的花园枯萎了。"忠实的"磨坊主朋友从来没去看望过孤独、寒冷、饥饿的小汤姆。

汤恩在家里对他的家人说："冬天去看小汤姆是不恰当的，人们经受困难的时候心情烦躁，这时候必须让他们拥有一份宁静，去打扰他们是不好的。而春天来的时候就不一样了，小汤姆花园里的花都开放了，我去他那采回一大篮子鲜花，我会让他多么高兴啊。"

磨坊主天真无邪的儿子问他："爸爸，为什么不让小汤姆到咱们家来呢？我会把我的好吃的、好玩的都分给他一半。"

谁想到磨坊主却被儿子的话气坏了，他怒斥这个白白上了学，仍然什么都不懂的孩子。他说："如果小汤姆来到我们家，看到了我们烧得暖烘烘的火炉，我们丰盛的晚饭，以及我们甜美的红葡萄酒，他就会心生妒意，而嫉妒则是友谊的大敌。"

磨坊主汤恩的高论让我们看到了吝啬的人在面对生活时的丑恶嘴脸。吝啬者金钱、财富都不缺，然而其灵魂、其精神却日趋贫穷。

吝啬果真能给吝啬者带来愉快吗？不能。其实吝啬者的生活是最不安宁的，他们整天忙着挣钱，最担心的是丢钱，唯恐盗贼将他们的金钱全部偷走，唯恐一场大火将其财产全部吞噬掉，唯恐自己的亲人将它们全部挥霍掉，因而整天提心吊胆，坐立不安，永远不会愉快。

所以，我们要远离吝啬的魔鬼，走出吝啬的灰暗，寻找生命中那一份与人分享的蓝天。施予的追求没有资格的限制，再吝啬、再坏的人，只要决心想给予，就可以透过训练开启布施之心。在生活中，让我们学会"布施"吧，因为，只有如此，才能让我们得到更多，学会给予，才能收获幸福，懂得付出，才能有更多收获。

## 舍弃没有意义的抱怨，让自己快乐起来

只要你还有饭吃，有衣穿，你就不应该抱怨生活。因为在这个世界上，还有很多人吃不饱，穿不暖，想想他们，你就应该珍惜现在所拥有的一切。

"事情怎么会这样呢？真是烦人！""我这次考试没考好，全都怪昨天晚上……""考试题出成这样，老师根本就是在难为我们。"这是不是你经常挂在嘴边的话？心情不愉快的时候，这些抱怨的话好像不经过大脑自己就到嘴边了，然后心情就会变得很沮丧。在这样一种精神状态下，不难想象，你犯错误的概率自然要比别人高，许多新的烦恼在后边等着你，那么你又开始新一轮的抱怨—沮丧—出错—倒霉……

抱怨只是暂时的情绪宣泄，它只是心灵的麻醉剂，但绝不是解救心灵的方法。所以，遇到问题抱怨是最坏的方法。罗曼·罗兰说只有将抱怨的心情化为上进的力量，才是成功的保证。也有人说，如果一个人青少年时就懂得永不抱怨，那实在是一个良好而明智的开端。倘若我们还没修炼到此种境界，就最好记住下面的话：如果事情没有做好，就千万不要为抱怨找借口。

古人云：人生之事，不顺者十之八九，常想一二。这句话的意思是说人活在世上，十件事中有八九件都会使人不顺心，但要常去想那一两件使人开心的事。每个人都会遇到烦恼，明智的人会一笑了之，因为有些事是不可避免的，有些事是无力改变的，有些事是无法预测的。能补救的应该尽力补救，无法改变的就坦然面对，调整好自己的心态去做该做的事情。

一名飞行员在太平洋上独自漂流了20多天才回到陆地。有人问他，从那次历险中他得到的最大教训是什么。他毫不犹豫地说："那次经历给我的最大教训就是，只要还有饭吃，有水喝，你就不该再抱怨生活。"

人的一生总会遇到各种各样的不幸,但快乐的人不会将这些装在心里,他们没有忧虑。所以,快乐是什么?快乐就是珍惜已拥有的一切,知足常乐。

抱怨是什么?抱怨就像用针刺破一个气球一样,让别人和自己泄气。

其实,抱怨属人之常情。"居长安,大不易",难道不许别人说一说苦闷吗?抱怨之不可取在于,你抱怨,等于你往自己的鞋子里倒水,使行路更难。困难是一回事,抱怨是另一回事。抱怨的人认为不是自己无能,而是社会太不公平,如同全世界的人合伙破坏他的成功,这就把事情的因果关系弄颠倒了。

喜欢抱怨的人在抱怨之后,心情非但没变轻松,反而变得更糟。常言说,放下就是快乐。这也包括放下抱怨,因为它是沉重又无价值的东西。

人们喜欢那些乐观的人,是喜欢他们表现出的超然。生活需要的信心、勇气和信仰,乐观的人都具备。他们在自己获益的同时,又感染着别人。人们和乐观——包括豁达、坚韧、沉着的人交往,会觉得困难从来不是生活的障碍,而是勇气的陪衬。和乐观的人在一起,自己也就变得乐观。

抱怨失去的不仅是勇气,还有朋友。谁都不喜欢牢骚满腹的人,怕自己受到传染。失去了勇气和朋友,人生变得很难,所以抱怨的人继续抱怨。他们不知道,人生有许多简单的方法可以快乐地生活，停止抱怨是其中的方法之一。

抱怨相当于赤脚在石子路上行走，而乐观是一双结结实实的靴子。

## 学会放弃，才能更好地生活

放弃是一种坦荡的心境和大度的气概。学会放弃，既是遍历归来的路，又是重踏旅程的路，既是对过去诱发深思的路，又是对未来满怀憧憬的路。千万个智慧的灯火灿烂着温柔和明朗的天空，牵出生命音乐般轻柔的翅膀、牵出一生春光明媚的季节。

不懂得放弃的人，总将生活中的不如意绕在心灵的枝干上，一生中就像北方腊月的浓雾，挥之不去。一味地自怨自艾，自暴自弃，于是青春美丽的容颜与悠悠岁月擦肩而过，恰如风过竹面、雁过长空，就像苏东坡的一声长叹："事如春梦了无痕。"

舍不得放弃的人，像一茎寂寞的芦苇，独自在夜风中守望，把自己幻成一抹秋色，化成烟黄的旧页中那道不尽的苍凉。

懂得放弃的人，不会对任何事太过苛求，竭力用温情、柔情、大度，营造一个温馨的港湾，在荡漾着对生命充满爱意的氛围中，舒展一下疲惫的心。那是多么惬意与幸福！懂得放弃的人，静下心来当一回医生，为自己把脉，重新点燃自信的火把，照亮人生中不如意的症结，然后分析原因，根据自身的特点选定一个目标，努力掌握一门专长，多看一些奋发努力的书籍，开阔视野，荡涤一下浮躁的心灵。

生活有苦也有乐、有喜也有悲、有得也有失，拥有一颗达观、开朗的心，就会使平凡暗淡的生活变得有滋有味、有声有色。

生活的路并非一马平川，难免磕磕绊绊。我们学会了竞争，学会了占有。而放弃则是另一种生存方式。此路不通，换一条路走，总有一条适合自己，总有一条能通向成功。当你以一副义无反顾的姿态艰辛地在一条路上跋涉的时候，也许，另一条路上的鲜花正灿烂开放，笙歌四起。

学会了放弃，才是真正地学会了思考，学会了扬弃。陶渊明"不为五斗米折腰"，离开混浊的封建官场，这是洁身自爱对污浊官场的放弃。

放弃，是意志的升华，是精神的超脱，是一种境界。学会放弃的人，才是真正的大智大勇。人生其实就是一段路，从这头走到那头，可以哭，可以笑，却没有停止的理由。经历了重重磨难，经过情感的大起大落，才能真正明白放弃的内涵：学会放弃，放弃名利的追求，放弃钱财的索取，退一步，不会是永远的失败，恰恰可能是海阔天空。

放弃需要勇气，需要有"敢冒天下之大不韪"的魄力。有时，放弃要面对各种压力，或来自社会，或来自世俗。中国科学界元勋——"中国导弹之父"——钱学森，为了祖国的国防事业，毅然放弃国外的优厚待遇，带着"相当于五个山地师"的智慧，回到中国。之前，他做出了巨大的牺牲，冒着生命的危险，在异国他乡忍辱负重，历尽磨难。他做出了成功的选择。如果留在美国，他必然有丰厚的物质条件，然而如果他做了那样的选择，今日的钱学森，只不过是千万留洋学子中普通乃至平庸的一员！

放弃，不是"轻言失败"，不是遇到困难阻碍就退却、屈服，是迎难而上的另一种方式。放弃遥不可及的幻想，放弃孤注一掷的鲁莽，多几分冷静，多几分沉着。"山重水复疑无路，柳暗花明又一村。"再回首时，才会发现，曾经的放弃是多么明智的选择。

## 合理调整期望值

高大的骆驼趴在地上，蜷起腿来，尽力用它的膝盖支撑着身子，耐心地等待主人往它身上装货。主人在驮架上放上了一个货包，接着又放了一个，不停地叠在骆驼的背上。

"他该住手了吧？"骆驼心里发起愁来了，但是它又不敢违背主人。

好不容易才等到主人把货叠完了，只见主人甩动长鞭，发出了开步走的命令。骆驼颤颤巍巍地站立起来。

"走吧！"主人拍了一下骆驼的笼头命令道，但骆驼却呆立不动。"你怎么老站着不动啊？快走！"主人厉声喝道，他使劲地又扯了一下笼头。

此时，骆驼的四条腿就好像是钉在地上，一动也不动。

"唉，你这固执的家伙！"主人叹了口气，他猜到了骆驼的心思，动手从它背上卸下两个货包。

"这样还差不多。"骆驼自言自语地嘟囔着，顺从地上路了。

他们在烈日下走了一整天。主人想在天黑前赶到前边的村庄投宿，骆驼仿佛猜到了主人的心思，它不再往前走动了。

"走啊，走啊！你这个偷懒的家伙。"主人拉开嗓门直嚷嚷，"再走一程我们就能住店啦！"

"你不要太过分了，我的主人！今天我累得够呛，四条腿又酸又疼。"骆驼暗自想着，它直挺挺地趴在沙地上，横竖不挪动了。

牵骆驼的人心里叫苦不迭，可又有什么办法呢？他只得卸下货物，沮丧地在沙漠里露宿了一夜。

我们总是对自己的生活充满了各种期望。合理的期望有利于我们形成良好的人生规划，可现实的状况是，我们设立的期望值常常偏离合理的基线，要么过高，要么过低。故事里骆驼的主人就为自己设立了一个过高的期望值。

在生活中，你所设置的期望越高，而又因能力有限或受客观因素影响无法实现时，所遭受的打击就越大，挫折感就越重。便由此产生心理失衡、失望、抑郁，特别严重时还可能走向极端。只要我们平时留意，就可发现，在我们四周常可以见到一些因期望值过高而引发心理障碍的患者。

其实，假如原定的期望值达不到，是可以转化调整的。很多人受挫，多数是期望超过了自己的实际可能。因此，当有些目标不切实际时，就干脆放弃；当有些目标过高，却不能够放弃时，就应当根据实际情况适当调整，可以把大目标分解成若干个小目标，然后通过实现小目标，最终达到大目标。

但我们也不应太过低估自己的能力，而将自己的期望值设立得太低。在一个低期望的心态下工作，学习尽管能够达到目标，却往往会失去创造更多价值的机会，失去进取的动力，更有甚者，会因过低的期望值而对自己的能力产生怀疑。此时，我们应该调整自己的期望，树立信心。

20 世纪 40 年代，美国费城的一个深夜，有一家酒店突然起火。当时 258 名旅客多数正在酣睡，那些还没有睡的人们，看到旅馆所有的房间已被滚滚浓烟笼罩。他们拨打了火警电话，然后一边救火，一边等着火警救援。尽管消防队员赶来了，但求生的本能，还是使许多人开窗从高楼跳下，一个个躯体直挺挺地砸在人行道上，发出恐怖而沉闷的响声，然后归于寂静。

这时，有一个姑娘站在七楼的一个窗口，看着背后的熊熊火光。只见她镇静地看了看窗下，大声高喊着："我希望活着，我希望活着！"然后纵身跃下……奇迹发生了，她成了几百人中唯一一名幸存者。而且这个姑娘从空中跃下的惊人一瞬被过路的大学者阿诺德抓拍了下来，定格在历史写真的胶片里，供更多活着的人们回味……

那个幸运的姑娘也许并不知道什么是"皮格马利翁效应",但她在关键时刻用它救了自己的生命。

自我期待是一种无形但巨大的力量,它推动人们不断地塑造、完善自我。存在主义哲学家萨特说:"你想成为什么,你就会成为什么。"因此,随着环境与自身条件的改变,及时调整自己的期望值,是成功的条件之一。

## 舍得分享,有利于改善我们的生存环境

近朱者赤,近墨者黑。高贵也是这样,没有一种高贵可以遗世独立。要想保持自己的高贵,就必须拥有高贵的"邻居";要想拥有一片高贵的花的海洋,就必须与人分享美丽,同大家共同培植美丽。只有这样,我们才能保持自身的纯洁和华贵。

一个精明的荷兰花草商人,千里迢迢从遥远的非洲引进了一种名贵的花卉,培育在自己的花圃里,准备到时候卖个好价钱。对这种名贵花卉,商人爱护备至,许多亲朋好友向他索要,一向慷慨大方的他却连一粒种子也不给。

第一年的春天,他的花开了,花圃里万紫千红,那种名贵的花开得尤其漂亮。第二年的春天,他的这种名贵的花已繁育出

了五六千株，但他发现，今年的花没有去年开得好，花朵略小不说，还有一点杂色。到了第三年，名贵的花已经繁育出了上万株，令他沮丧的是，那些花的花朵变得更小，花色也差很多，完全没有了它在非洲时的那种雍容和高贵。当然，他没能靠这些花赚上一大笔。

难道这些花退化了吗？可非洲人年年种养这种花，大面积、年复一年地种植，并没有见这种花会退化呀。百思不得其解，他便去请教一位植物学家。

植物学家问他："你的邻居种植的也是这种花吗？"

他摇摇头说："这种花只有我一个人有，他们的花圃里都是些郁金香、玫瑰、金盏菊之类的普通花卉。"

植物学家沉吟了半天说："尽管你的花圃里种满了这种名贵之花，但和你的花圃毗邻的花圃却种植着其他花卉，你的这种名贵之花被风传播了花粉后，又沾上了毗邻花圃里的其他品种的花粉，所以你的名贵之花一年不如一年，越来越不雍容华贵了。"

商人问植物学家该怎么办，植物学家说："谁能阻挡住风传播花粉呢？要想使你的名贵之花不失本色，只有一种办法，那就是让你邻居的花圃里也都种上你的这种花。"于是商人把自己的花种分给了自己的邻居。次年春天花开的时候，商人和邻居的花圃几乎成了这种名贵之花的海洋——花色典雅，朵朵流光溢彩，雍容华贵。这些花一上市，便被抢购一空，商人和他的邻居都发了大财。

想要有名贵的花园,就必须让自己的邻居也种上同样名贵的花。精神世界也是这样的,一个人想要维持自己品德的高尚,如果不懂得和别人分享,就只能是孤芳自赏,甚至背上自闭与不通事理的骂名。

分享是为了在我们需要时的得到,给自己一个好人缘和和睦的生活、工作环境。在分享中,我们得到的远比分享的多得多。

所以,面对生活中的得失时,我们的目光不要太短浅,心胸不要太狭窄,学会分享,这其实是一项大智若愚的"长远投资",有利于提升我们的形象,有利于改善我们的生存环境,有利于我们在这个人情味十足的社会中立足并发展。

# 第七章

快乐不在于拥有的多,
而在于计较的少

## 世上本无事，庸人自扰之

一个年轻人四处寻找解脱烦恼的秘诀。他见山脚下绿草丛中一个牧童在那里悠闲地吹着笛子，十分逍遥自在。

年轻人便上前询问："你那么快活，难道没有烦恼吗？"

牧童说："骑在牛背上，笛子一吹，什么烦恼也没有了。"

年轻人试了试，烦恼仍在。

于是他只好继续寻找。

他来到一条小河边，见一老翁正专注地钓鱼，神情怡然，面带喜色，于是便上前问道："你能如此投入地钓鱼，难道心中没有什么烦恼吗？"

老翁笑着说："静下心来钓鱼，什么烦恼都忘记了。"

年轻人试了试，却总是放不下心中的烦恼，静不下心来。

于是他又往前走。他在山洞中遇见一位面带笑容的长者，便又向他讨教解脱烦恼的秘诀。

老年人笑着问道："有谁捆住你

没有？"

年轻人答道："没有啊？"

老年人说："既然没人捆住你，又何谈解脱呢？"

年轻人想了想，恍然大悟，原来是被自己设置的心理牢笼束缚住了。

世上本无事，庸人自扰之。其实很多时候，烦恼都是自找的，要想从烦恼的牢笼中解脱，首先要做到"心无一物"，放下心中的一切杂念，不为外物的悲喜所侵扰，才能够抛却一切烦恼，得到内心的安宁。

萧伯纳曾经说过："痛苦的秘诀在于有闲工夫担心自己是否幸福。"故事中的年轻人，四处寻找解脱烦恼的秘诀，却不知道这其实将带来更多的烦恼。许多烦恼和忧愁缘于外物，却是发自内心，如果心灵没有受到束缚，外界再多的侵扰都无法影响你宁谧的心灵，反之，如果内心波澜起伏，汲汲于功利，汲汲于悲喜，那么即便是再安逸的环境，都无法洗掉你心灵上的尘埃。正所谓"菩提本无树，明镜亦非台，本来无一物，何处惹尘埃"，一切的杂念与烦忧，都是自己的心旌所激荡起的涟漪，只要带着牧童牛背吹笛、老翁临渊钓鱼的心绪，而不去自寻烦忧，那么，烦扰自当远离。

## 世上没有任何事情是值得忧虑的

忧虑是一种过度忧愁和伤感的情绪体验。正常人也会有忧虑的时候，但如果是毫无原因的忧虑，或虽有原因，但不能自控，显得心事重重、愁眉苦脸，就属于心理性忧虑了。

如果一个人不及时调整，一味地忧虑下去，那么他只是在折磨自己，事情也不会发生任何的改变。

一个商人的妻子不停地劝慰着她那在床上翻来覆去、折腾了足有几百次的丈夫："睡吧，别再胡思乱想了。"

"嗐，老婆啊，"丈夫说，"几个月前，我借了一笔钱，明天就到还钱的日子了。可你知道，咱家哪儿有钱啊！你也知道，借给我钱的那些邻居们比蝎子还毒，我要是还不上钱，他们能饶得了我吗？为了这个，我能睡得着吗？"他接着又在床上继续翻来覆去。

妻子试图劝他，让他宽心："睡吧，等到明天，总会有办法的，我们说不定能弄到钱还债的。"

"不行了，一点儿办法都没有啦！"

最后，妻子忍耐不住了，她爬上房顶，对着邻居家高声喊道："你们知道，我丈夫欠你们的债明天就要到期了。现在我告诉你们：我丈夫明天没有钱还债！"她跑回卧室，对丈夫说："这回睡不着觉的不是你，而是他们了。"

如果凌晨三四点的时候，你还在忧虑，似乎全世界的重担都压在你肩膀上：到哪里去找一间合适的房子？找一份好一点的工作？……内心的忧虑使你要做的事在脑子里滚转翻腾。

深呼吸，睁开眼睛，再轻松地闭起来，告诉自己："不要怕。"仔细想想这些有魔力的字句，而且要真正相信，不要让你的心仍彷徨在恐惧和烦恼之中，这样，忧虑就会缓解。

我们不能将忧虑与计划安排混为一谈，虽然二者都是对未来的一种考虑。未来的计划有助于你现实中的活动，使你对未来有自己的具体想法与行动指南。而忧虑只是因今后可能发生的事情而产生惰性。忧虑是一种流行的社会通病，几乎每个人都要花费大量的时间为未来担忧。忧虑消极而无益，既然你是在为毫无积极效果的行为浪费自己宝贵的时光，那么你就必须改变这一缺点。

请记住，世上没有任何事情是值得忧虑的。你可以让自己的一生在对未来的忧虑中度过，然而无论你多么忧虑，甚至抑郁而死，你也无法改变现实。

## 人生的快乐不在于拥有得多，而在于计较得少

为人处世，不免有各种矛盾、烦恼，如果斤斤计较于每一件事，那生活就会很累，且充斥着悲剧色彩。

1945年3月，罗勒·摩尔和其他87位军人在一艘潜艇上。当时雷达发现有一个驱逐舰队正往他们的方向开来，于是他们就向其中的一艘驱逐舰发射了三枚鱼雷，但都没有击中。这艘舰也没有发现。但当他们准备攻击另一艘布雷舰的时候，它突然掉头向潜艇开来，可能是一架日本飞机看见这艘位于60英尺水深处的潜艇，用无线电告诉这艘布雷舰。

他们立刻潜到150英尺的地方，以免被日方探测到，同时也准备应付深水炸弹。他们在所有的船盖上多加了几层栓子。3分钟之后，突然天崩地裂。6枚深水炸弹在他们的四周爆炸，他们直往水底——深达276英尺的地方下沉，他们都吓坏了。

按常理，如果潜水艇在不到500英尺的地方受到攻击，深水炸弹在离它17英尺之内爆炸的话，差不多是在劫难逃。罗勒·摩尔吓得不敢呼吸，他在想："这回完蛋了。"在电扇和空调系统关闭之后，潜艇的温度升到近40度，但摩尔却全身发冷，牙齿打战，身冒冷汗。15小时之后，攻击停止了，显然那艘布雷舰在炸弹用光以后就离开了。

这 15 小时的攻击，对摩尔来说，就像有 1500 年。他过去所有的生活——浮现在眼前，他想到了以前所干的坏事，所有他曾担心过的一些很无聊的小事。他曾经为工作时间长、薪水太少、没有多少机会升迁而发愁；他也曾经为没有办法买自己的房子、没有钱买部新车子，没有钱给妻子买好衣服而忧虑；他非常讨厌自己的老板，因为这位老板常给他制造麻烦；他还记得每晚回家的时候，自己总感到非常疲倦和难过，常常跟自己的妻子为一点小事吵架；他也为自己额头上的一块小疤发过愁。

摩尔说："多年以来，那些令人发愁的事看来都是大事，可是在深水炸弹威胁着要把他送上西天的时候，这些事情又是多么的荒唐、渺小。"就在那时候，他向自己发誓，如果他还有机会见到太阳和星星的话，就永远永远不会再忧虑。在潜艇里那可怕的 15 小时，从生活中所学到的，比他在大学读了 4 年书所学到的要多得多。

我们可以相信一句话：人生中总是有很多的琐事纠缠着我们，但是我们不能对此斤斤计较，因为心胸狭窄是幸福的天敌。

生活中，将许多人击垮的有时并不是那些看似灭顶之灾的挑战，而是一些微不足道的、鸡毛蒜皮的小事。人们的大部分时间和精力无休止地消耗在这些鸡毛蒜皮的小事之中，最终让大部分人一生一事无成。

大家都知道在法律上的一条格言："法律不会去管那些小事情。"一个人不该为一些小事斤斤计较、忧心忡忡，如果他希望求得心理上的平静和快乐的话。

很多时候，要想克服由一些小事情所引起的困扰，只需将你的注意力转移开来，给自己设定一个新的、能使你开心一点的看问题的角度与方法就可以了。这样你会重新收获生活的快乐。

## 放开自己，不纠结于已失去的

生活中有一种痛苦叫错过。人生中一些极美、极珍贵的东西，常常与我们失之交臂，我们总会因为错过美好而感到遗憾和痛苦。其实喜欢一样东西不一定非要得到它，俗话说："得不到的东西永远是最好的。"当你为一份美好而心醉时，远远地欣赏它或许是最明智的选择，错过它或许还会给你带来意想不到的收获。

美国的哈佛大学要在中国招一名学生，这名学生的所有费用由美国政府全额提供。初试结束了，有30名学生成为候选人。

考试结束后的第10天，是面试的日子。30名学生及其家长云集锦江饭店等待面试。当主考官劳伦斯·金出现在饭店的大厅时,一下子被大家围了起来,他们用流利的英语向他问候,有的甚至还迫不及待地向他做自我介绍。这时,只有一名学生,由于起身晚了一步,没来得及围上去,等他想接近主考官时,主考官的周围已经是水泄不通了,根本没有插空而入的可能。

于是他错过了接近主考官的大好机会,他觉得自己也许已经错过了机会,于是有些懊丧起来。正在这时,他看见一个异国女人有些落寞地站在大厅一角,目光茫然地望着窗外,他想:身在异国的她是不是遇到了什么麻烦,不知自己能不能帮上忙?于是他走过去,彬彬有礼地和她打招呼,然后向她做了自我介绍,最后他问道:"夫人,您有什么需要我帮助的吗?"接下来两个人聊得非常投机。

后来这名学生被劳伦斯·金选中了,在30名候选人中,他的成绩并不是最好的,而且面试之前他错过了跟主考官打招呼,加深自己在主考官心目中印象的最佳机会,但是他无心插柳柳成荫。原来,那位异国女子正是劳伦斯·金的夫人。

这件事曾经引起很多人的震动:原来错过了美丽,收获的并不一定是遗憾,有时甚至可能是圆满。

许多的心情,可能只有经历过之后才会懂得,如感情,痛过了之后才会懂得如何保护自己,傻过了之后才会懂得适时的坚持与放弃,在得到与失去的过程中,我们慢慢认识自己,其实生活并不需要这些无谓的执着,没有什么不能割舍的,学会放弃,生活会更容易!

因此,在你感觉到人生处于最困顿的时候,也不要为错过而惋惜。失去也许会带给你意想不到的收获。花朵虽美,但毕竟有凋谢的一天,请不要再对花长叹了。因为可能在接下来的时间里,你将收获雨滴的温馨和戏雨的浪漫。

## 睁一只眼闭一只眼,对小事不予计较

美国著名的成功学大师戴尔·卡耐基是一位处理人际关系的"高人",然而早年时,也曾犯过一些错误。

有一天晚上,卡耐基和自己的一个朋友应邀去参加一个宴会。宴席中,坐在他右边的一位先生讲了一段幽默的故事,并引用了一句话,意思是"谋事在人,成事在天"。那位健谈的先生提到,他所引用的那句话出自《圣经》。然而,卡耐基发现他说错了,他很肯定地知道出处,一点疑问也没有。

出于一种认真的态度,卡耐基又很小心地纠正了过来。那位先生立刻反唇相讥:"什么?出自莎士比亚?不可能!绝对不可能!"那位先生一时下不来台,不禁有些恼怒。当时卡耐基的老朋友弗兰克就坐在他的身边。弗兰克研究莎士比亚的著作已有多年,于是卡耐基就向他求证。弗兰克在桌下踢了卡耐基一脚,然后说:"戴尔,你错了,这位先生是对的。这句话出自《圣经》。"

那晚回家的路上,卡耐基对弗兰克说:"弗兰克,你明明知道那句话出自莎士比亚。""是的,当然。"弗兰克回答,"在哈姆雷特第五幕第二场。可是亲爱的戴尔,我们是宴会上的客人,为什么要证明他错了?那样会使他喜欢你吗?他并没有征求你的意见,为什么不知趣一些,保留他的脸面,非要说出实话得罪他呢?"

一些无关紧要的小错误,放过去,无伤大局,没有必要去纠正它。这不仅是为了自己避免不必要的烦恼和人事纠纷,也顾及了别人的名誉,不致给别人带来无谓的烦恼。这样做,体现了你处世的度量。

人们常说:"凡事不能不认真,凡事不能太认真。"一件事情是否该认真,这要视场合而定。钻研学问要认真,面对大是大非的问题更要认真。但是,在不忘大原则的同时,我们要做适时的变通,对于一些无关大局的琐事,不必太认真。不看对象,不分地点刻板地认真,往往使自己处于一种尴尬的境地,处处被动受阻。如果能理智地后退一步,淡然处之,不失为一种追求至简生活的处世之道。

## 且咽一口气，内心的格局便明朗了

人生之所以多烦恼，皆因遇事不肯让他人一步，总觉得咽不下这口气。其实，这是很愚蠢的做法。

善于放弃是一种境界，是历尽跌宕起伏之后对世俗的一种了然，是饱经人间沧桑之后对财富的一种感悟，是运筹帷幄、成竹在胸，充满自信的一种流露。只有在了如指掌之后才会懂得放弃并善于放弃，只有在懂得放弃并善于放弃之后才会获得无尽的财富。

杨玢是宋朝时期的一个尚书，年纪大了便退休在家，安度晚年。他家住宅宽敞、舒适，家族人丁兴旺。有一天，他在书桌旁，正要拿起《庄子》来读，他的几个侄子跑进来，大声说："不好了，我们家的旧宅被邻居侵占了一大半，不能饶他！"

杨玢听后，问："不要急，慢慢说，他们家侵占了我们家的旧宅地？"

"是的。"侄子们回答。

杨玢又问："他们家的宅子大还是我们家的宅子大？"侄子们不知其意，说："当然是我们家的宅子大。"

杨玢又问："他们占些我们家的旧宅地，于我们有何影响？"侄子们说："没有什么大影响，虽然如此，但他们不讲理，就不应该放过他们！"杨玢笑了。

过了一会儿,杨玢指着窗外落叶,问他们:"树叶长在树上时,那枝条是属于它的,秋天树叶枯黄了落在地上,这时树叶怎么想?"他们不明白含义。杨玢干脆说:"我这么大岁数,总有一天要死的,你们也有老的一天,也有要死的一天,争那一点点宅地对你们有什么用?"侄子们现在明白了杨玢讲的道理,说:"我们原本要告他的,状子都写好了。"

侄子们呈上状子,他看后,拿起笔在状子上写了四句话:"四邻侵我我从伊,毕竟须思未有时。试上含光殿基望,秋风秋草正离离。"

写罢,他再次对侄子们说:"在私利上要看透一些,遇事都要退一步,不要斤斤计较。"

人的一生,不可能事事如意、样样顺心,生活的路上总有沟沟坎坎。你的奋斗、你的付出,也许没有预期的回报;你的理想、你的目标,也许永远难以实现。如果抱着怀才不遇之心而愤愤不平,如果抱着一腔委屈怨天尤人,难免让自己心力交瘁。

生活中,难免与人磕磕碰碰,难免遭别人误会猜疑。你的一念之差、你的一时之言,也许别人会加以放大和责难,你的认真、你的真诚,也许会被别人误解和中伤。如果非得以牙还牙拼个你死我活,如果非得为自己辩驳澄清,可能会导致两败俱伤。

适时地咽下一口气,潇洒地甩甩头发,悠然地轻轻一笑,甩去烦恼,笑去恩怨。你会发现,内心的格局明朗了,天仍然很蓝,生活依然很美好。

## 难得糊涂是良训，做人不要太较真

怎样做人是一门学问，甚至是一门用毕生精力也未必能勘破的大学问，多少不甘寂寞的人穷究原委，试图领悟人生真谛，塑造辉煌的人生。然而人生的复杂性使人们不可能在有限的时间里洞察人生的全部内涵，但人们对人生的理解和感悟又总是局限在事件的启迪上。比如，处世不能太较真便是其中一理，这正是有人活得潇洒，有人活得累的原因之所在。

做人固然不能玩世不恭、游戏人生，但也不能太较真，认死理。"水至清则无鱼，人至察则无徒"，太认真了，就会对什么都看不惯，连一个朋友都容不下，把自己同社会隔绝开。镜子很平，但在高倍放大镜下，就成了凹凸不平的山峦；肉眼看很干净的东西，拿到显微镜下，满目都是细菌。试想，如果我们"戴"着放大镜、显微镜生活，恐怕连饭都不敢吃了；如果用放大镜去看别人的缺点，恐怕那家伙就变得罪不容诛、无可救药了。

人非圣贤，孰能无过。与人相处就要互相谅解，经常以"难得糊涂"自勉，求大同存小异，有度量，能容人，你就会有许多朋友，且诸事遂愿；相反，"明察秋毫"，眼里不揉半粒沙子，过分挑剔，什么鸡毛蒜皮的小事都要论个是非曲直，容不得人，人家也会躲你远远的，最后你只能关起门来"称孤道寡"，成为使人避之唯恐不及的异己之徒。古今中外，凡是能成大事的人都具有一种优秀的品质，就是能容人所不能容，忍人所不能忍，善于求大同存小异，团结大多数人。他们胸怀豁达而不拘小节，大处着眼而不会鼠目寸光，并且从不斤斤计较，纠缠于非原则性的琐事，所以他们才能成大事、立大业，使自己成为不平凡的伟人。

宋朝的范仲淹，是一个有远见卓识的人。他在用人的时候，主要是取人的气节而不计较人的细微不足。范仲淹做元帅的时候，招纳的幕僚，有些是犯了罪被朝廷贬官的，有些是因为犯了罪被流放的，这些人被任用后，有的人不理解。范仲淹则认为："有才能没有过错的人，朝廷自然要重用他们。但世界上没有完人，如果有人确实是有用之材，仅仅因为他的一点小毛病，或是因为做官议论朝政而遭祸，不看其主要方面，不靠一些特殊手段起用他们，他们就成了废人了。"尽管有些人有这样或那样的问题，但范仲淹只看其主流，他所使用的人大多是有用之材。

人非圣贤，孰能无过？有道德修养的人不在于不犯错误，而在于有过能改，不再犯过。所以用人，用有过之人也是常事，应该看到他的过错只不过是偶然的，他的大方向是好的。《尚书·伊训》中有"与人不求备，检身若不及"的话，是说我们与人相处的时候，不要求全责备，检查约束自己的时候，也许还不如别人。要求别人怎么去做的时候，应该先问一下自己能否做到。推己及人，严于律己，宽以待人，才能团结他人，共同做好工作。一味地苛求,就什么事情也办不好。

郑板桥的一句"难得糊涂",至今仍被人们奉为是聪明的最高境界。其实,人生少一点较真,换来的将是更多的收获。

# 第八章

## 职场的第一法则是先付出后收获

## 舍得投入，职场的充电投资"经"

在现代社会中，科学技术发展迅速，大学生就业剩余，各个行业用人趋向饱和，这使得职场的竞争变得越来越激烈。工作中不断地注入新的内容和活力，要求我们必须不断学习和更新职业技能。

所以，我们只有不断地对自己进行"充电"，随时更新自己的文化水平，不断地掌握新技术来改进和发展自己的工作能力，才有机会在激烈的"人才竞争"中占据永不落后的一席之地。

美籍华人李玲瑶在学生时代就好学上进，加上其开朗的性格，所以常受到师长的欣赏和同学的拥戴，并常被邀请去电台、电视台主持节目。台湾一家著名杂志称她为"美得耀眼的女生"。当时，她在华盛顿担任全美华人协会华盛顿分会负责人。

在美国读完计算机学位后，她在硅谷做了8年的资深电脑分析员。1980年，她决定开创自己的事业，在硅谷创办公司。不到两年，她实现了自己的第一步目标，成为百万富翁。同时，公司也从高科技领域拓展到房地产和进出口贸易领域，并在北京、香港等地建立了办事处。此时的李玲瑶从一个纯粹的文化人发展成为一个干练的企业家。

这时，她感觉到自己在经济理论方面的不足。于是，在她48

岁的时候,她重新进入学校学习,每次上课都坐在第一排的正中间,从不落下一次课,认认真真做每一份习题论文。

同时,李玲瑶还自学了经济学本科方面的所有课程,硕士加博士的5年,她读完了经济学9年的课程之后,又上北大学习,并戴上了北大博士帽,她的事业也越来越成功。

在工作的黄金时期,往往是压力最大的时期。因为你不仅要在原来的基础上提升自己,更要为以后的发展做好打算。如果我们一直依靠以前积累的知识和技术,是很难应对不断发展的社会环境的,也不会满足对生活的高要求的需要。因为如果你不适时地充电,你就始终会在原来的工作位置上打转,不会有提升的空间。可是随着我们工作年头的增加,原来的工作岗位已经不能满足我们心理的需要了,我们会希望有更高的进步、更大的提升。所以,只有不断地给自己进行充电,我们才能向着理想的生活迈进。

那么,我们应该怎样给自己"充电"呢?自我"充电"的内容应包括以下几个方面:

**1. 加强职业道德修养**

也许你并没有认识到这一点,职业道德修养是职业活动的基础,也是自我完善的必由之路。它是从业人员根据职业道德规范的要求,在职业意识、职业情感、职业理想和行为等方面的自我教育、自我培养、自我锻炼和自我改造,它可以提高自己的道德素质,不断克服错误思想的职业意识。可以说,职业道德修养的过程，是使自己在职业道路的阶梯上不断攀登的过程。

**2. 不断学习科学文化知识**

在当代科学技术日益成为生产力重要因素的情况下，缺少文化技术知识，不可能成为一个合格的职业人才。在工作中，即使我们大学毕业了，有了职称和工作业绩，也只能表明过去。每个人在职业活动中的能力，基本上取决于对高新文化技术知识的掌握和运用程度。

**3. 提高职业操作技能**

任何职业活动都是由一定的职业操作技能联结成的，提高职业操作技能就等于提高职业活动能力。你可以通过学习、实验、参加比赛等形式，不断提高本职业的基本操作技能，并达到较高的熟练程度，以顺利地完成本职工作任务。

**4. 掌握职业生活技巧**

任何一种成功的职业活动中，都包含着职业科学成分，如怎样进行职业保健、怎样能成才、怎样能解除职业生活中的种种困扰等，都存在方法和技巧问题。懂得技巧就可能使职业生活变得丰富而有活力，否则，就难免走弯路，甚至导致职业生活失败，所以，我们不能忽视对职业生活技巧的学习和运用。良好的技巧能够弥补很多缺憾和不足，有助于在理想的职业领域大显身手。

现在的企业竞争越来越激烈。对于职场中的我们来说，想要保住饭碗，更不能坐吃老本，不注重知识的积累。只有不断对自己进行"充电",丰富自己的头脑,我们才能在职场竞争中始终立于不败之地。

## 放弃忠诚就等于放弃成功

忠诚是员工的立身之本。一个禀赋忠诚的员工,能给他人以信赖感,让老板乐于接纳,在赢得老板信任的同时更能为自己的发展带来莫大的益处。相反,一个人如果失去了忠诚,就等于失去了一切——失去朋友,失去客户,失去工作。从某种意义上讲,一个人放弃了忠诚,就等于放弃了成功。

一个人任何时候都应该忠诚,这不仅是个人品质问题,也关系到公司的利益。忠诚不仅有道德价值,而且还蕴含着巨大的经济价值和社会价值。尽管现在有一些人无视忠诚,利益成为压倒一切的需求,但是,如果你能仔细地反省一下,你就会发现,为了利益放弃忠诚,将会成为你人生中永远都抹不去的污点,你将背负着这样一个十字架生活一辈子。

李克是一家公司的业务部副经理,刚刚上任不久。他年轻能干,毕业短短两年就能够有这样的业绩也算是表现不俗了。然而半年之后,他却悄悄离开了公司,没有人知道他为什么离开。李克在离开公司之后,找到了他原来关系不错的同事彼得。在酒吧里，李克喝得烂醉，他对彼得说："知道我为什么离开吗？我非常喜欢这份工作，但是我犯了一个错误，我为了获得一点儿小利，失去了作为公司职员最重要的东西。虽然总经理没有追究我的责任，也没有公开我的事情，算是对我的宽容，但我真的很后悔，你千万别犯我这样的低级错误，不值得啊！"彼得尽管听得不甚明白，但是他知道这一定和钱有关。后来，彼得知道了，李克在担任业务部副经理时，曾经收过一笔款子，业务部经理说可以不下账了："没事儿，大家都这么干，你还年轻，以后多学着点儿。"李克虽然觉得这么做不妥，但是他也没拒绝，半推半就地拿了5000美元。当然，业务部经理拿到的更多。没多久，业务部经理就辞职了。后来，总经理发现了这件事，李克就不能在公司待下去了。

彼得看着李克落寞的神情，知道李克一定很后悔，但是有些东西失去了是很难弥补回来的。李克失去的是对公司的忠诚，他还能奢望公司再相信他吗？

事实上，无论什么原因，只要你失去了忠诚，就失去了人们对你最根本的信任。不要为自己所获得的利益沾沾自喜，其实仔细想想，失去的远比获得的多，而且你所获得的东西可能最终还不属于你。相反，如果你在工作中一直坚持忠诚的原则，忠于公司，你必将获得老板的赏识和众人的尊敬。

著名管理大师艾柯卡，受命于福特汽车公司面临重重危机之时，他大刀阔斧进行改革，使福特汽车公司走出危机。福特汽车公司董事长小福特却对艾柯卡进行排挤,这使艾柯卡处于一种两难境地。但是,艾柯卡却说:"只要我在这里一天,我就有义务忠诚于我的企业,我就应该为我的企业尽心竭力地工作。"尽管后来艾柯卡离开了福特汽车公司,但他仍对自己为福特公司所做的一切感到欣慰。"无论我为哪一家公司服务,忠诚都是我的一大准则。我有义务忠诚于我的企业和员工,到任何时候都是如此。"艾柯卡说。正因为如此,艾柯卡不仅以他的管理能力折服了其他人,也以自己的人格魅力征服了别人。无论一个人在组织中是以什么样的身份出现,对组织的忠诚都应该是一样的。

## 对自己的期望要比老板对你的期望更高

假如老板的周围缺乏主动工作者,你如果具有强烈的主动工作精神,你自然能得到重视,受到重用。

如果只有在别人注意时才有好的表现,那么你永远无法达到成功的顶峰。最严格的表现标准应该是由自己设定的,而不是由别人去要求的。如果你对自己的期望比老板对你的期望高,那么你无须担心会失去工作。同样,如果你能达到自己设定的最高标准,那么升迁晋级也将指日可待。

有三个人到一家建筑公司应聘,经过一轮又一轮的考试,最后他们从众多的求职者当中脱颖而出。公司的人力资源部经理对他们说了一句"恭喜你们",然后将他们带到了一处工地。

工地上有三堆散落的红砖,乱七八糟地摆放着。人力资源部经理告诉他们,每人负责一堆,将红砖整齐地码成一个方垛,然后他在三个人疑惑的目光中离开了工地。A对B说:"我们不是已经被录用了吗?为什么将我们带到这里?"B对C说:"我可不是应聘这样的职位,经理是不是搞错了?"C说:"不要问为什么了,既然让我们做,我们就做吧。"然后带头干起来。A和B同时看了看C,只好跟着干起来。还没完成一半,A和B明显放慢了速度,A说:"经理已经离开了,我们歇会儿吧。"B跟着停下来,C却一直保持着同样的节奏。

人力资源部经理回来的时候,C只有十几块砖就全部码齐了,而A和B只完成了三分之一的工作量。经理对他们说:"下班时间到了,下午接着干。"A和B如释重负地扔掉了手中的砖,而C却坚持到把最后的十几块砖码齐。

回到公司,人力资源部经理郑重地对他们说:"这次公司只聘任一位设计师,获得这一职位的是C。"A和B迷惑不解地问经理:"为什么?我们不是通过考试了吗?"经理说:"想想你们刚才的表现就明白为什么了。"作为最后一次考试的临考官,经理在远处看得清清楚楚。

能够主动工作的员工,在任何地方都能获得成功。那些消极、被动地对待工作,在工作中寻找种种借口的员工,是不会受到公司欢迎的。

我们经常会发现,那些被认为一夜成名的人,其实在功成名就之前,早已默默无闻地努力工作了很长一段时间。成功是一种努力的积累,不论何种职业,想攀上顶峰,通常都需要经过漫长的努力和精心的规划。

## 比别人多做一点,收获大不同

生性懒惰,却还想得道成仙,这无疑是异想天开。懒惰不改,要想获得成功,必定会碰壁的。

很多人想找一条通向成功的捷径,当众里寻他千百度之后,发现"勤"字,是成大事的要诀之一。

天道酬勤。没有一个人的才华是与生俱来的,在成功的道路上,除了勤奋,是没有任何捷径可走的,在每个成功者的身上,都可以看到勤劳的好习惯。

鲁迅说得更清楚:"其实即使是天才,在生下来的时候第一声啼哭,也和平常的儿童一样,绝不会就是一首好诗。""哪里有天才,我是把别人喝咖啡的工夫用在工作上。"

笨鸟先飞,尚可领先,何况并非人人都是"笨鸟"。勤奋,使青年人如虎添翼,能飞又能闯。

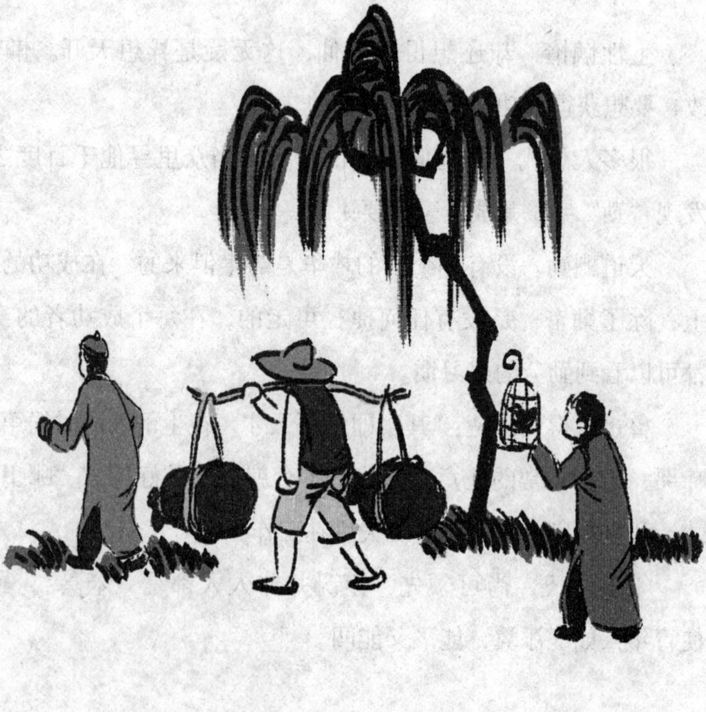

任何事情，唯有不停前进方可有生命力。在这个竞争激烈的世界里，人才云集，竞争对手强大。快节奏的生活、高度的竞争又时刻令人体会到一种莫大的压力，潜移默化地催人上进。

成功的得来可不像老鹰抓小鸡那样容易，而是勤奋工作得来的。只有辛勤的劳动，才会有丰厚的人生回报。即使给你一座金山，你无所事事，也总有一天会坐吃山空的。传说中的点石成金之术并不存在，而在劳动中获得财富才是最正确的途径。你想拥有金子，最好的办法是辛勤地耕耘。

人生是一个充满谜团的过程。在这个过程中，会有许许多多令人感到悲欢离合、喜怒哀乐的事情，也会有许多意想不到却又似乎是上天特意考验我们的事情出现。在这些事情的考验下，有的人充实而成功地走完了这一过程，有的人却相反，在遗憾中随风逝去。

我们每一个健康生活的人都希望自己能够走向成功，都想在成功中领略人生的激动，而成功又不是轻易予人的。

那些形成了工作习惯的人总是闲不住，懒惰对他们来说是无法忍受的痛苦。即使由于情势所迫，不得不终止自己早已习惯了的工作，他们也会立即去从事其他工作。那些勤劳的人们总是很快就会投入到新的生活或工作中去，并用自己勤劳的双手寻找、挖掘出生活中的幸福与快乐。要享受成功的幸福，首先要付出你的辛劳汗水，只有这样，你才会收获耕耘的快乐。

## 理解同事能够增加好感

　　人与人之间能相互理解是建立友谊的基础，没有理解就不可能博得对方的好感。理解是融洽的前提，没有理解双方在交往中就很难达成共识，也就很难找到双方的共鸣点。无论何时何地，人与人之间真诚的关心最容易使人互生好感。如果在工作中能够对同事多些理解，那么我们的工作关系就会融洽许多。尤其是当同事在生活或工作中遇到困难时，我们若能以亲人般的热情去帮助他们，他们必然会感到高兴。只有怀着深切的关心，抱着与人为善的态度，才能带来感情上的共鸣，使对方从心里感到安慰。所以，当有的同事喋喋不休地向你倾诉烦恼时，虽然枯燥无味，但你也应以充分理解的态度认真倾听，给予精神上的支持，学会分担别人的痛苦和烦忧。

　　那种事不关己，高高挂起，既不与同事分享快乐，也不为别人分担痛苦的人，是缺乏道德修养和极端自私的人。

　　每个人在工作中都会碰到各种事情，对那些与自己有密切工作关系的同事，我们尤其要学会理解他们。例如，在某个场合，你与同事因工作中的事情发生了摩擦，或者是同事冒犯了你的自尊心，你千万不可耿耿于怀或心存埋怨。也许，那位同事因别的原因心情不好，正巧迁怒于你。所以，对同事间的合理"冲撞"

不必大惊小怪，只要无损于自己的人格，完全可以退一步，便海阔天空。

同事之间相处久了，相互之间都比较了解，如性格、爱好等。

随着时间的推移如果大家志趣相投，双方就容易建立深厚的友谊。而有的人觉得与某些同事性格不合，于是就采取疏远的做法，这是不明智的。小张参加工作后，单位有一中年妇女经常莫名其妙地向他发脾气，他经过了解才得知她正处于女性更年期。于是，小张从心里理解、原谅她，处处谦让她，使她深受感动，逢人便夸小张是一个好青年。所以，真诚的理解和同情是有效的良药，它医治的不仅是人们精神上和心理上的病痛，而且还会为今后的友好相处打下牢固的基础。

在工作中，遇到不善合作的同事，首先要冷静，要善于理解、体谅别人。比如，有的同事生性敏感，有的性子急切，有时沉默少言，发生言语冲撞或工作对接不当之处的情况也实属平常。他们并不是针对你，你冷静想想，事后自然会风平浪静。

相互理解不仅仅能够消除与同事的隔阂矛盾，更会使你赢得好人缘，增加对工作的喜爱程度，也有利于自身修养和工作能力的提高。

## 尽职尽责是晋升的跳板

年轻人想要成功,必须敢为人先,发现问题之后就要主动解决问题。靠的是什么?就是你的责任感。责任感可以让一个职位低微、身无长物的小职员成为老板眼中的"重磅员工"。

例如,一个主管过磅称重的小职员,也许会因为怀疑计量工具的准确性而提出质疑,计量工具因此得到修正,从而为公司挽回巨大的损失,尽管计量工具的准确性属于总机械师的职责范围。正是因为有责任感,他才会得到别人的刮目相看,并获得一个脱颖而出的好机会。如果他没有这种责任意识,也就不会有这样的机会了。成功就来自责任。

林是一名刚刚走出校园的大学生,他到一家钢铁公司工作还不到一个月,就发现很多炼铁的矿石并没有得到充分的冶炼,一些矿石中还残留着没有被冶炼充分的铁。如果这样下去的话,公司会有很大的损失。于是,他找到了负责这项工作的工人,跟他说明了问题,这位工人说:"如果技术有了问题,工程师一定会跟我说,现在还没有哪一位工程师向我说明这个问题,说明现在没有问题。"林又找到了负责技术的工程师,对工程师说明了他看到的问题。工程师很自信地说:"我们的技术是世界上一流的,不可能存在这种问题。"工程师并没有把他说的看成是一个很大的问题，还暗自认为，一个刚刚毕业的大学生，能明白多少，不会是因为想博得别人的好感而表现自己吧。

但是林认为这是个很大的问题，于是拿着没有冶炼充分的矿石找到了公司负责技术的总工程师，他说："我认为这是一块没有冶炼充分的矿石，您认为呢？"

总工程师看了一眼，说："没错，年轻人，你说得对。哪来的矿石？"

林说："是我们公司的。"

"怎么会？我们公司的技术是一流的，怎么可能会有这样的问题？"总工程师很诧异。

"工程师也这么说，但事实确实如此。"林坚持道。

"看来是出问题了，怎么没有人向我反映？"总工程师有些发火了。

总工程师召集负责技术的工程师来到车间，果然发现了一些冶炼并不充分的矿石。经过检查发现，原来是监测机器的某个零件出现了问题，才导致了冶炼的不充分。

公司的总经理知道了这件事之后，不但奖励了林，而且还晋升他为负责技术监督的工程师。总经理不无感慨地说："我们公司并不缺少工程师，但缺少的是负责任的工程师，这么多工程师就没有一个人发现问题，并且有人提出了问题，他们还不以为然。对于一个企业来讲，人才是重要的，但是更重要的是真正有责任感和忠诚于公司的人才。"

林从一个刚刚毕业的大学生晋升为负责技术监督的工程师,可以说是一个飞跃,他获得工作之后的第一步成功就是来自于他对工作的一种强烈的责任感,他的这种责任感让领导者认为可以对他委以重任。

作为一个雇员,如果你能对工作有一种强烈的责任感,那么你肯定是一个容易成功的人。因为由于你的责任感和不断的努力,公司才得到了长足的发展,作为老板,最先奖赏的自然就是你。你对公司负责,公司当然也会对你的发展负责。你将会得到老板的赏识,这样你自然就能脱颖而出了。

# 第九章
## 舍掉井底之蛙的陋格，才能与成功相遇

## 学以致用，走好成功第一步

《荀子·儒效》记载：不闻不若闻之，闻之不若见之，见之不若知之，知之不若行之。学至于行之而止矣。行之，明也，明之为圣人。意思是不听不如听，听到不如看见，看见不如知道，知道不如实践它。学习到了亲自实践这一步才达到极高的境界。亲自去实践它，弄清了事理就成了圣人了。荀子告诉我们，知识只有接受实践的检验，才能成为真知灼见。学习知识的目的在于应用。如果学而不会用，那么再多的知识也无用。

曾国藩是清朝末年一位赫赫有名的人物，在儒家思想熏陶下成长的曾国藩没有做一个死板的读书人，而是坚持将自己所学用在事业上，用儒家的思想来统领自己的军队。曾国藩信仰"经世致用"，特别注重实践。他深深懂得"兵马未动，粮草先行"的道理，十分注重筹饷工作。因此，湘军的饷银是当时最高的。如此一来，士兵自然愿意为曾国藩卖命。曾国藩也很会知人善用，因此手下人才济济。曾国藩手下大将多是流落民间的低级知识分子，几乎没有人是行伍出身。这些人得到了曾国藩不遗余力的提拔和重用，因此，形成了历史上以曾、胡、左、李为首的湘军政治集团。这为湘军的最后成功打下了基础。

宋代大诗人陆游有一句千古名言："纸上得来终觉浅，绝知此事要躬行。"说的就是学以致用的重要性。正所谓"学而不能行，谓之病"，"不闻不若闻之，闻之不若见之，见之不若知之，知之不若行之"。只学不用，犹如纸上谈兵，纵然胸中有千军万马，锦囊妙计，若没有付诸实践，一切就毫无意义。

我们的工作中也经常会出现类似的情况：企业组织培训学习，员工接受了一大堆的思想和理念，说起来头头是道，却没有几个真正把这些思想贯彻到日常的工作中，结果公司浪费了钱财，员工浪费了精力，绩效却没得到改善。这样，无论是对公司还是对员工自身的成长都极为不利。优秀的员工，不会放弃任何有助于自己提升的学习机会，并且能将自己所学迅速应用到工作中，在实践中验证，在实践中成长，真正做到了学以致用，学用相长，业绩得到改善也自然是水到渠成的事了。

## 跨越自己给自己设的樊篱

有时候，限制我们走向成功的，不是别人拴在我们身上的锁链，而是我们自己为自己设置的局限。高度并非无法打破，只是我们无法超越自己思想的限制；没有人束缚我们，只是我们自己束缚了自己。

1968 年，在墨西哥城奥运会的百米赛场上，美国选手海恩斯撞线后，激动地看着运动场上的计时牌。当指示器打出 9.9 秒的字样时，他摊开双手，自言自语地说了一句话。

后来，有一位叫戴维的记者在回放当年的赛场实况时再次看到海恩斯撞线的镜头，这是人类历史上第一次在百米赛道上突破 10 秒大关。看到自己破纪录的那一瞬，海恩斯一定说了一句不同凡响的话，但这一新闻点，竟被现场的 400 多名记者忽略了。

因此，戴维决定采访海恩斯，问问他当时到底说了一句什么话。

戴维很快找到海恩斯，问起当年的情景，海恩斯竟然毫无印象，甚至否认当时说过话。

戴维说："你确实说了，有录像带为证。"

海恩斯看完戴维带去的录像带，笑了，他说："难道你没听见吗？我说：'上帝啊，那扇门原来是虚掩的。'"

谜底揭开后，戴维对海恩斯进行了深入采访。

自从欧文斯跑出 10.3 秒的成绩后，曾有一位医学家断言，人类的肌肉纤维所承载的运动极限，不会超过每秒 10 米。

海恩斯说："30 年来，这一说法在田径场上非常流行，我也以为这是真理。但是，我想，自己至少应该跑出 10.1 秒的成绩。每天，我以最快的速度跑 5 公里，我知道百米冠军不是在百米赛道上练出来的。当我在墨西哥城奥运会上看到自己 9.9 秒的纪录后，惊呆了。原来，10 秒这个门不是紧锁的，而是虚掩的，就像终点那根横着的绳子一样。"

后来，戴维撰写了一篇报道，填补了墨西哥城奥运会留下的一个空白。不过,人们认为它的意义不限于此,海恩斯的那句话,为我们留下的启迪更重要。

命运的门总是虚掩的,它会给我们留下一道开启的缝隙,可是我们情愿相信那是一堵不可跨越的墙。于是,我们独特的创意被自己抹杀,认为自己无法成功,告诉自己,难以成为配偶心目中理想的另一半,无法成为孩子心目中理想的父母、父母心目中理想的孩子。然后,向环境低头,甚至认命、怨天尤人。

这一切都是我们心中那条系住自我的铁链在作祟。或许,你必须耐心静候生命中来一场大火,逼得你非得选择挣断链条或甘心遭大火席卷。或许,你将幸运地选对前者,在逃出困境之后,语重心长地告诫后人,人必须经苦难磨炼方能得以成长。

其实,面对人生,你还有一种不同的选择。你可以当机立断,运用内在的能力,挣开消极习惯的捆绑,改变现有的处境,投入另一个崭新的积极领域中,使自己的潜能得以发挥。你是愿意静待生命中的大火,甚至甘心遭它席卷,低头认命,还是愿意立即在心境上挣开环境的束缚,获得追求成功的自由?当然,这项慎重的选择,得由你自己决定!

## 不要因为失意而放弃追求成功的理想

她从小就"与众不同",因为小儿麻痹症,不要说像其他孩子那样欢快地跳跃奔跑,就连平常走路都做不到。寸步难行的她非常悲观和忧郁。随着年龄的增长,她的忧郁和自卑感越来越重,她甚至拒绝所有人的靠近。但也有例外,邻居家的残疾老人是她的好伙伴。老人在一场战争中失去了一只胳膊,但他非常乐观,她也喜欢听老人讲故事。

有一天,她被老人用轮椅推着去附近的一所幼儿园,操场上孩子们动听的歌声吸引了他俩。当一首歌唱完,老人说道:"让我们为他们鼓掌吧!"她吃惊地看着老人,问道:"我的胳膊动不了,你只有一只胳膊,怎么鼓掌啊?"老人对她笑了笑,解开衬衣扣子,露出胸膛,用手掌拍起了胸膛……那是一个初春的早晨,风中还有几分寒意,但她却突然感觉自己的身体里涌起一股暖流。老人对她笑了笑,说:"只要努力,一个巴掌也可以拍响。你一定能站起来的!"

那天晚上,她让父亲写了一张纸条贴在墙上:"一个巴掌也能拍响!"从那之后,她开始配合医生做运动。无论多么艰难和痛苦,她都咬牙坚持着。有一点进步了,她又以更大的受苦姿态,来求更大的进步。甚至父母不在家时,她自己扔开支架,试着走路……蜕变的痛苦牵扯到筋骨。她坚持着，相信自己能够像其他孩子一样行走、奔跑。

11岁时，她终于扔掉支架，开始向另一个更高的目标努力着：锻炼打篮球和参加田径运动。1960年，罗马奥运会女子100米决赛，当她以11秒18第一个撞线后，掌声雷动，人们都站起来为她喝彩，齐声欢呼着她的名字："威尔玛·鲁道夫！威尔玛·鲁道夫！"

那一届奥运会上，威尔玛·鲁道夫成为当时世界上跑得最快的女人，她共摘取了三枚金牌，也是第一个黑人奥运女子百米冠军。

"人可以被消灭，但不能被打败！"在人生旅途中，通往理想的道路上总会遇到大大小小的困难和挫折，埋怨、消沉、哀叹命运都无济于事。面对挫折，要有宽阔的胸襟、无畏的勇气。要记住，挫折是通向理想的阶梯。只要你有走出的愿望，就没有走不出的人生低谷。我们需要不断地自我激励，不能因为一时的挫折就把自己的一生永远地困在逆境的泥淖中。人的可贵之处在于，无论跌倒多少次，都能从失败的废墟上站起来，人生也因此而显得绚丽多彩。如果只为不幸的遭遇自怨自艾，那你将不会有任何前途。

## 在追逐梦想的道路上，必须学会舍弃一些眼前利益

许多人贪图小便宜，往往为眼前的小利益而迷惑，殊不知在得到的同时却往往失去了更多。生活中，我们常常被眼前利益的绚丽外貌蒙住了双眼，宁愿一直低头享受那片刻的短暂欢愉，也不肯抬起头望望远方，去寻找更大的空间。只顾眼前利益的人，受人性所限，只会陷入庸人自扰的无边烦恼；唯有立足长远的人，才能突破人性的瓶颈，活出智慧人生。

亨利从小家里就很穷，但是家里却充满了爱和关心。所以，他是快乐而有朝气的。他知道，不管一个人有多穷，他们仍然可以做自己的梦。

他的梦想就是运动。在他16岁的时候，他就能够压碎一只足球，能够以每小时90英里的速度扔出一个快球，并且撞在足球场上移动着的任何一件东西上，他的高中教练是奥利·贾维斯，他不仅相信亨利，而且还教他怎样自己相信自己，他让亨利知道，拥有一个梦想和足够的自信，会使自己的生活有怎样的不同。贾维斯教练对他所做的一件特殊的事情，永远地改变了他的生活。

那是在亨利从低年级升入高年级的那个夏天，一个朋友推荐他去做一份暑期工，这是一个意味着他的口袋里会有钱的机会，有

钱可以和女孩子约会,当然,有钱还可以买一辆新自行车和新衣服,还意味着为他的母亲买一座房子的储蓄的开始,这份工作对他来说是极具诱惑力的,这使他高兴得跳了起来。接着,他意识到如果他去做这份工作,他就必须放弃暑假的运动,那意味着他必须得告诉贾维斯教练他不能去打球了。他害怕这一点,当他把这件事告诉贾维斯教练的时候,教练真的像他预料的一样生气了。

"你还有你一生的时间可以去工作,"教练说,"但是,你练球的日子是有限的,你根本浪费不起!"亨利低着头站在他面前,努力向他解释,为了那个替他的妈妈买一座房子和口袋里有钱的梦想,即使让教练对他失望,他认为也是值得的。

"孩子,你做这份工作能挣多少钱?"教练问道。

"每小时 3.25 美元。"

教练继续问道:"你认为,一个梦想就值一小时 3.25 美元吗?"

这个问题,简单得不能再简单了,它赤裸裸地摆在亨利的面前,让他看到了立刻想得到的某些东西和树立一个目标之间的不同之处。

那年暑假,亨利全身心地投入到运动中去,同一年,他被匹兹堡海盗队挑选去做队员,并与其

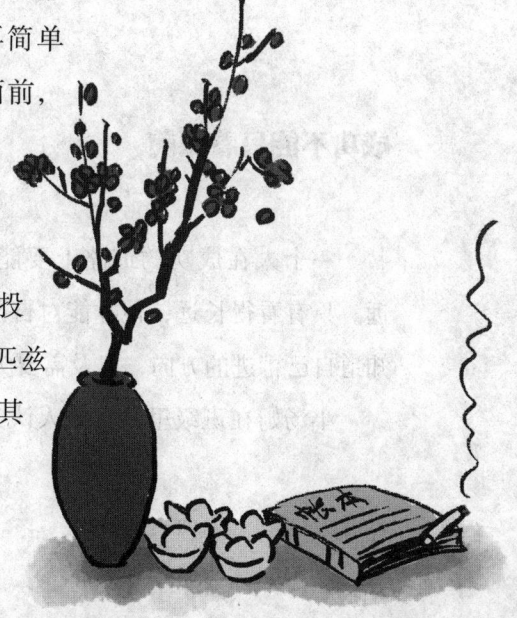

签订了一份价值 2 万美元的合同。后来，他在亚利桑那州的州立大学获得了足球奖学金，那使他获得了接受教育的机会；在全美国的后卫球员中，他两次被公众认可，并且在美国国家足球联盟队队员的挑选赛中，他排在了第七名。

1984 年，亨利与丹佛的野马队签署了 170 万美元的合同。他终于为他的母亲买了一座房子，实现了他的梦想。

有些人做事只图眼前的利益，而不会为长远打算。眼前可以得到的利益总给人一种实实在在的感觉，短视的心理却常常使人们失去本应该能够得到的美好事物。也许人们认为自己的行为是更注重现实，而实际上是将自己未来的发展与成功的机遇白白浪费掉了。

暂时的是现实，永生的是理想。莫为眼前的一点小利而让理想为它让道，否则，你终有一天会尝到悔恨的苦果。

## 成功不能只看眼前

一个人在成功的道路上要能走远，首先他要站得高、看得远。只有看得长远，他才能对自己以后要做的事情心里有底，才知道自己行进的方向，以及需要为此采取什么样的行动。

小汤姆在班级里一直被人认为很傻。为什么呢？同学们做过这样的试验：拿出一个 5 分的硬币和一个 10 分的硬币，让小汤姆从里头挑一个，小汤姆每次都拿那个 5 分的。这样屡试不爽，大家均以此为乐。

校长詹姆斯先生听说这件事后，感到很奇怪，于是亲自试验了一回，拍拍他的肩膀笑着说："小汤姆，你一点也不傻，你很聪明。"小汤姆也笑了。詹姆斯先生没有再说什么就走了，同学们都感到有些纳闷。

后来，终于有人想明白了为什么：如果小汤姆拿了 10 分的硬币，就不会再有人继续让他挑选，那时他连 5 分也得不到了。他每次都拿 5 分的，积少成多，比拿 10 分的硬币收获更大。小汤姆原来是弃眼前的小利来保留长远的利益。

眼光长远的人往往不容易被眼前的得失所迷惑。有很多成功人士的例子都说明了这一点。他们有的面临金钱的诱惑，有的经历了困境的阻挠。但他们往往能够执着于自己的梦想，从而摆脱眼前利益的诱惑，冲破困境的束缚。因为他们能够很清楚地看到未来的图景，所以他们能意志坚定、矢志不渝。

一个青年向一位富翁请教成功之道，富翁却拿出了 3 块大小不等的西瓜放在青年面前："如果每块西瓜代表一定程度的利益，你选择哪块？"

"当然是最大的那块！"青年毫不犹豫地回答。

富翁一笑："那好，请吧！"富翁把最大的那块西瓜递给青年，自己却吃起了最小的那块。很快富翁就吃完了，随后拿起了

143

桌上的最后一块西瓜得意地在青年面前晃了晃，大口吃起来。青年马上就明白了富翁的意思：富翁吃的瓜虽没有青年的瓜大，却比青年吃得多。如果每块代表一定程度的利益，那么富翁占的利益自然比青年多。

吃完西瓜，富翁对青年说："要想成功，就要学会放弃，只有放弃眼前的小利，才能获得长远的大利，这就是我的成功之道。"

鼠目寸光的人只能看到眼前的蝇头小利，而放弃了开拓与拼搏，使其能力的发挥受到了极大的限制。

成功真的不难，但它需要人们付出努力。长远的眼光是成大事者必备的素质之一，我们一定不能只看眼前，不计将来。

## 好运气，等不来就去创造

人人都渴望得到好的机会，好机会不仅是通向成功的起点，更是每个人获得快乐心情的契机。但是，好机会却往往"千载难逢，万劫难遇"。所以星云大师曾说，所谓机会，需要缘分，也需要争取。那么，机会在哪里呢？

"机会在心里，在能力里，在理想里，在结缘里。"

仔细体悟大师对机会的解释不难发现，大师认为得机遇既需要缘分，也需要个人能力来支持，需要个人去树立理想，主动争取机会，取得成功。所以大师才敬告世人，不要光顾着等待，也别忘了争取。

生命的消亡来自懒惰和等待，"守株待兔"的事情并不会每一天都发生。人生是从一个个机遇中度过的，而人本身是在抛弃一个个机遇中度日。因此想要有一番成就，过一段精彩的生命历程，就必须要主动去为自己争取出路，抓住那些让自己施展拳脚的机会。

古谚语说得好："机会老人先给你送上它的头发，当你没有抓住再后悔时，却只能摸到它的秃头了。"一个人有学富五车的学问，有统帅众人的才干，也要有合适的机会让他展现，否则他也不过是不被人重视的庸常之辈。在通往失败的路上，处处是错失了的机会。那些坐待幸运从前门进来的人，往往忽略了幸运也会从后窗进来。只有敢于冲锋、主动进攻的人，才能发觉并抓住胜利的时机，人生当中，并不总是存在掉到等待者头上的机遇之果。

一位探险家在森林中看见一位老农正坐在树桩上抽烟斗，于是他上前打招呼说："您好，您在这儿干什么呢？"

这位老农回答："有一次我正要砍树，但就在这时风雨大作，刮倒了许多参天大树，这省了我不少力气。"

"您真幸运！"

"您可说对了，还有一次，暴风雨中的闪电把我准备焚烧的干草给点着了。"

"真是奇迹！现在您准备做什么？"

"我正等待发生一场地震把土豆从地里翻出来。"

老农是个坐等机会者。虽然好运有时候会光顾他，但不可能永远都是，他坐在树墩下不过是在浪费时光。

伟大的成就永远属于那些富有奋斗精神的人，而不是那些一味痴等的人。而良好的机会完全在于自己的创造。如果你以为个人发展的机会在别的地方，在别人身上，那么一定会遭到失败。机会其实就在每个人的人格之中，正如未来的橡树包含在橡树的果实里一样。

星云大师说："机会不是完全靠别人给予，也不会有上天赐予，机会还是要靠自己创造。"

智者所创造的机会，要比他所能找到的多。正如樱树那样，虽在静静地等待着春天的到来，而它却无时无刻不在养精蓄锐。人在待机之时，不能放松养精蓄锐的积累，还要时时窥测方位，审时度势，以利于自身发展。机遇这东西稍纵即逝，好运也不是常常都有，人们单单去发现它远远不够，还要懂得利用它，同时为自己制造更多的机遇。我们应有这样的意识，机会并非均等，它出现的概率也不定，但强者往往能够依靠自己的能力稳稳地把握住生命的航向，为自己拓展一条更好的出路。

著名剧作家萧伯纳曾说过："人们总是把自己的现状归咎于运气，我不相信运气。出人头地的人，都是主动寻找自己所追求的运气；如果找不到，他们就去创造运气。"

生活长久，机运一时。行动宜速，享受宜缓。机遇是一次次偶然的爆发，人们如不迅速行动，待到错过才捶胸顿足，就于事无补了。

## 及早认输，下次还有赢的机会

适时认输，才能保存实力。美国有一位拳王说过，任何拳手都不可能打败所有的对手，好的拳手知道在恰当的回合认输。因为，及早认输，下次还有赢的机会，如果逞能，让对手把你打死了，或把你拖垮了，你不是连输的机会也没有了吗？

当我们明白自己不是对手时，就应该认输。生活中常有竞争和角逐，但深知自己"斗"不过对手，还一味地跟人家"斗"，这又有何益呢？"斗"得越起劲，只会使自己输得更惨。选择认输，急流勇退，将使我们避开锋芒，以退为进，赢得潜心发展的主动权；将使我们得以冷静下来去认识差距，虚心向对手学习，从而有可能真正打败对手。

著名的美国柯达公司在与日本富士公司竞争时，就颇有自知之明，勇于认输，不跟富士争"第一"。柯达公司甘拜富士下风，既减少了恶性竞争造成的大量人财物力的浪费，又使其能够根据自己的实际情况制定适宜的发展策略，还使其老老实实向富士取经。结果柯达快速发展了，成了和富士不相伯仲的胶卷大王。

当我们知道自己不可能做到时，就应该认输。并不是所有的困难和挫折都可以逾越，也并不是所有的机遇和好运我们都可以把握。在明知无力回天，败局已定时，我们应该认输。选择认输，不坚持下完一盘根本下不赢的臭棋，而是弃之一边，将使我们及早从"死胡同"里走出来，避免付出更惨重的代价。

认输不是自甘消沉，它有积极进取的内涵，使人以退为进，赢得潜心发展的主动权，扬长避短，夺取成功。如果硬认死理，逞强好胜，盲目蛮干，一味地刚强，一味地硬撑，只会给自己带来不必要的伤害，甚至牺牲，最终输掉自己。只有做到审时度势，随机应变，刚柔相济，懂得认输，才能保护自己，立于不败之地。

认输也是一种自我认识，一种积极的自我评价，在与别人竞争时，认同他人优势的同时，也看到了自己的缺陷与不足。面对自己的缺陷与不足，只有学会认输，才能正视自己的缺陷与不足。有错误和不足并不可怕，只要学会认输、知道自省，就能避免铸成大错以致最终抱憾终身；只要学会认输，就能及时调整人生的航向，去争取"赢"的机遇和时间。

总之，认输不失为一种策略，它将使你彻底摆脱不健康的心理羁绊，使你调整好位置，进入最佳的心理状态，它造就的将是一片心灵的净区。人生有涯，时光匆匆，学会认输，将有助于你在短暂的人生旅途中成为更大的赢家！

## 过去的功劳簿是埋葬今日的坟墓

冯小刚是中国非常出名的大腕导演。一次记者采访他，问他为什么不断尝试新风格。他回答说："作为导演，不想躺在功劳簿上，在有机会、有条件的情况下，应该做不同尝试。"

一个杰出的人，必定是像冯小刚一样不断追求进步的人。不论自己曾取得多么大的成就，都不会驻足不前。有句话说："好汉不提当年勇。"过去的功劳簿是埋葬今日的坟墓，一个沉浸在过去的辉煌中的人，今天对他而言已经结束，成功已与他无关。

子在川上曰："逝者如斯夫！不舍昼夜。"国学大师南怀瑾认为孔子所说的"逝者如斯"，是指人要效法水不断前进，也就是《大学》这部书中引用汤之盘铭说的"苟日新，日日新，又日新"的道理。人若满足于过去的成就，事业便会逐渐萎缩，思想、观念便会落伍。人生如逆水行舟，不进则退。只有不断努力，才能常常进步常常新。

吴士宏从一个毫无生气的护士，先后当上 IBM 华南区的总经理，微软中国总经理，TCL 集团常务董事、副总裁，靠的就是不自满于过去、不断超越自己的进取精神。

外表温文、满脸带笑的吴士宏曾经是北京一家医院的普通护士。用吴士宏自己的话说，那时的她除了自卑地活着，一无所有。她自学英语的同时，看到报纸上IBM公司在招聘，于是她通过外企服务公司准备应聘该公司，在此之前外企服务公司向IBM推荐过好多人都没有被聘用，吴士宏虽然没有高学历，也没有外企工作的资历，但她有一个信念，那就是"绝不允许别人把我拦在任何门外"，结果她被聘用了。

据她回忆，1985年，她为了离开原来毫无生气甚至满足不了温饱的护士职业，凭着一台收音机，花了一年半时间学完了许国璋英语三年的课程。正好此时IBM公司招聘员工，于是吴士宏来到了五星级标准的长城饭店，鼓足勇气，走进了世界最大的信息产业公司——IBM公司的北京办事处。

IBM公司的面试十分严格，但吴士宏都顺利通过了。到了面试即将结束的时候，主考官问她会不会打字，她条件反射地说："会！"

"那么你一分钟能打多少？"

"您的要求是多少？"

主考官说了一个标准，吴士宏马上承诺说可以。因为她环视四周，发觉考场里没有一台打字机。果然，主考官说下次再加试打字。

实际上吴士宏从未摸过打字机。面试结束，吴士宏飞也似的跑回去，向亲友借了170元买了一台打字机，没日没夜地敲打了一星期，双手疲乏得连吃饭都拿不住筷子，竟奇迹般地敲出了专业打字员的水平。以后好几个月她才还清了这笔对她来说不小的债务,而 IBM 公司一直没有考她的打字功夫。

吴士宏就这样成了这家世界著名企业的一名最普通的员工。

靠着这种不断超越自我的意识,吴士宏顺利迈入了 IBM 公司的大门。进入 IBM 公司的吴士宏不甘心只做一名普通的员工,因此,她每天比别人多花 6 个小时用于工作和学习。于是,在同一批聘用者中,吴士宏第一个做了业务代表。接着,同样的付出又使她成为第一批的本土经理,然后又成为第一批去美国本部作战略研究的人。最后,吴士宏又第一个成为 IBM 华南区的总经理。这就是多付出的回报。

1998 年 2 月 18 日,吴士宏被任命为微软(中国)有限公司总经理,全权负责包括中国香港在内的微软中国区业务。据说为争取她加盟微软,国际猎头公司和微软公司做了长达半年之久的艰苦努力。吴士宏在微软仅仅用 7 个月的时间就完成了全年销售额的 130%。

在中国信息产业界,吴士宏创下了几项第一:她是第一个成为跨国信息产业公司中国区总经理的内地人;她是唯一一个在如此高位上的女性;她是唯一一个只有初中文凭和成人高考英语大专文凭的总经理。在中国经理人中,吴士宏被尊为"打工皇后"。

从一名普通的护士到一名跨国公司的总经理,再到 TCL 公司的副总裁——事实上,她的每一步都是自己对过去的超越。

"逝者如斯夫!不舍昼夜。"同样的时间和生命,有人用来缅怀过去,有人用来享受现在,有人却用来书写明日的辉煌。

国际创价学会的会长池田大作说过:"平庸的生活使人感到一生不幸,只有波澜万丈的人生才能让人感到生存的意义。"一个不论曾经取得多大成就的人,一旦停止了前行,他便步入了平庸。生命不息,奋斗不止。曾经的成就不是我们停留的借口,不断创造卓越,才是人生行进过程的基调。

## 归零就是一种在低位思考高位的理智心态

俗话说,人往高处走,水往低处流。人们通常会一味地往高处走,而忘乎所以,浮躁肤浅。这时,就需要一种逆向思维,有时,放低自己的位置反而能看到不一样的风景,也能为将来的奋起储蓄能量。

有这样一则故事:

一位女硕士到一家星级酒店去求职,酒店当时正在招聘服务员,招聘条件只需高中学历。这位女硕士就以高中学历前去应聘,她很容易就被聘用了。

在大堂服务员的岗位上,女硕士很快就脱颖而出。她不仅在处理突发事件时表现出良好的素质,还通过平时在工作中的观察和积累,对酒店的管理提出了一些很有见地的意见。管理层开始注意到她,并且有心提拔,不过觉得她的学历太低。这个时候,女硕士拿出了她的本科学历证书。于是，疑虑很快被打消，她被提拔为大堂经理。

担任了经理职务后，她继续努力工作，干得更加出色了。很快，她良好的个人素质和工作能力就引起了酒店高级管理层的关注。不久，酒店总经理助理的职位出现空缺，女硕士被列入了高层考虑的人选之中。此时，她亮出自己的研究生学历，轻易击败了其他竞争者，当上了总经理助理，从此跻身酒店高级管理者的行列。

女硕士的这种做法是一种归零。现在，很多人都把注意力放在高处，殊不知，眼光盯在高处，一是缺乏对自己实力的证明，不易得；二是即使勉强得到了，也不一定能够做出成绩来。那位女硕士正因为是从底层做起，对于酒店内部管理的各个环节都有了充分了解，她在担任更高职位以后才做得更加得心应手。

具有归零心态的人其心灵总是敞开的，他们能随时接受伟大的启示和一切能激发灵感的东西，他们时刻都能感受到成功女神的召唤。他们不仅思想上归零，行动上也会归零。

王林大学毕业，进了一家机械厂工作，被分配到基层部门担任管理人员。因为他不懂生产，不熟悉工艺流程，所学的专业与实际操作衔接不上，在管理上感到力不从心。

另外几个一同分配来的大学生，虽然也不能胜任工作，但他们却不从自身找原因，而是一味发牢骚：抱怨工厂待遇太低，升迁太慢，认为在这里工作是大材小用。他们甚至以"跳槽"相威胁，让厂长给他们安排更好的位置。

就在伙伴们相继高升之际，他却向厂长提出了不同的要求：让他下车间，当工人。厂长惊讶极了，转而对他的选择表示了赞赏："好，小伙子有志气！"但是他却没法得到更多人的理解，消息传出，全厂哗然，连那几个大学生对此也表示不能理解。

王林却不理会那些议论，安安心心做一名工人。他一心扑到工作上，努力钻研各项技术，熟悉每个工种。两年后，他升任车间主任，因为他懂技术，没人敢敷衍他，所以王林所在车间的产品质量是最好的。这时，当年跟他一起进厂的大学生都在各科室担任中层干部。

几年后，厂里决定试行承包制。他承包了二车间。因为产品质量过硬，营销自然得力，很快就打开了市场销路，在全行业中成为赫赫有名的新军。后来，他通过融资，买下了这家工厂。现在他已是知名的民营企业家，公司的股票正准备上市。在总结成功经验时，王林说："海纳百川，才成汪洋之势。年轻人要学会从低位做起，充分积累经验，将来才能有成功的本钱。"

归零就是一种在低位思考高位的理

智心态。就因为王林没有被一时的利益所诱惑，能够冷静归零，最终取得了成功。

往低处流的水，看似没什么志气，最终却可以汇入海洋，动辄掀起滔天巨浪，颇有颠倒乾坤之势。往高处走的人，历尽千辛万苦，以为能看到美景，最终却不过是在岌岌可危之处。

人生不仅仅是一座珠穆朗玛峰，吸引着我们去攀登，有时还是汹涌的波涛，为了登上更高的山峰，我们先得有滑入浪底的勇气。

# 第十章

你给爱人珍惜的态度,
爱人才会给你爱的温度

## 舍得间懂得珍惜眼前人

从前,有一座圆音寺,每天都有许多人上香拜佛,香火很旺。在圆音寺庙前的横梁上有个蜘蛛结了张网,由于每天都受到香火和虔诚的祭拜的熏陶,蜘蛛便有了佛性。经过了1000多年的修炼,蜘蛛的佛性增加了不少。

忽然有一天,佛祖光临圆音寺,看见这里香火甚旺,十分高兴。离开寺庙的时候不经意间看见了横梁上的蜘蛛。佛祖停下来,问这只蜘蛛:"你我相见总算是有缘,我来问你个问题,看你修炼了这1000多年来,有什么真知灼见?"

蜘蛛遇见佛祖很是高兴,连忙答应了。佛祖问道:"世间什么才是最珍贵的?"蜘蛛想了想,回答道:"世间最珍贵的是'得不到'和'已失去'。"佛祖点了点头,离开了。

蜘蛛依旧在圆音寺的横梁上修炼。

有一天,刮起了大风,风将一滴甘露吹到了蜘蛛网上。蜘蛛望着甘露,见它晶莹透亮,顿生喜爱之意。蜘蛛看着甘露,它觉得这是它最开心的几天。突然,又刮起了一阵大风,将甘露吹走了,蜘蛛很难过。这时佛祖又来了,问蜘蛛:"蜘蛛,世间什么才是最珍贵的?"蜘蛛想到了甘露,对佛祖说:"世间最珍贵的是'得不到'和'已失去'。"佛祖说:"好,既然你有这样的认识,我让你到人间走一趟吧。"

蜘蛛投胎到了一个官宦家庭，成了一个富家小姐，父母为她取了个名字叫蛛儿。很快蛛儿到了16岁，出落成了个楚楚动人的少女。

这一日，皇帝决定在后花园为新科状元郎甘鹿举行庆功宴席。宴席上来了许多妙龄少女，包括蛛儿，还有皇帝的小公主长风公主。状元郎在席间表演诗词歌赋，大献才艺，在场的少女无不被他折服。但蛛儿一点也不紧张和吃醋，因为她知道，这是佛祖赐予她的姻缘。

过了些日子，蛛儿陪同母亲上香拜佛的时候，正好甘鹿也陪同母亲而来。上完香拜过佛，两位长辈在一边说上了话。蛛儿和甘鹿便来到走廊上聊天，蛛儿很开心，终于可以和喜欢的人在一起了，但是甘鹿并没有表现出对她的喜爱。蛛儿对甘鹿说："你难道不记得16年前圆音寺蜘蛛网上的事情了吗？"甘鹿很诧异，说："蛛儿姑娘，你很漂亮，也很讨人喜欢，但你的想象力未免太丰富了一点吧。"说罢，便和母亲离开了。

几天后，皇帝下诏，命新科状元甘鹿和长风公主完婚，蛛儿和太子芝草完婚。这一消息对蛛儿如同晴天霹雳，她怎么也想不通，佛祖竟然这样对她。几日来，她不吃不喝，生命危在旦夕。太子芝草知道了，急忙赶来，扑倒在床边，对奄奄一息的蛛儿说道："那日，在后花园众姑娘中，我对你一见钟情，我苦求父皇，他才答应。如果你死了，那么我也就不活了。"说着就拿起了宝剑准备自刎。这时，佛祖来了，他对蛛儿快要出壳的灵魂说："蜘蛛，你可曾想过，甘露（甘鹿）是风（长风公主）带来的，最后也是风将它带走的。甘鹿是属于长风公主的，他对你不过是生命中的一段插曲。而太子芝草是当年圆音寺门前的一棵小草，他看了你3000年，爱慕了你3000年，但你却从没有低下头看过它。蜘蛛，我再问你，世间什么才是最珍贵的？"蜘蛛一下子大彻大悟，她对佛祖说："世间最珍贵的不是'得不到'和'已失去'，而是现在能把握的幸福。"刚说完，佛祖就离开了，蛛儿的灵魂也回位了，她睁开眼睛，看到正要自刎的太子芝草，马上打落宝剑，和太子深情地拥抱在一起……

虽说爱情需要用心去等候和追求，然而生命也常常在这种固执地等待中悄然流逝了，人们却并不懂得，如何去珍惜身边的和已经拥有的；他们不知道，自己已经得到的，其实就是最大的幸福、最真的爱情！

生活总是这样捉弄人，想要的得不到，不留恋的却偏偏围绕身边。当那个"爱我的人"对我们还恋恋不舍的时候，我们以为这一切幸福都不会消失，我们理所当然地接受他们的爱，心里却在为"得不到"与"已失去"黯然神伤。日子一天天地滑过，直到有一天那个"爱我的人"因失望而选择离开时，我们才蓦然惊醒：原来他（她）才是上天许给我的姻缘！缘分天注定，"得之我幸，失之我命"，要懂得：珍惜眼前人。

## 犹豫是爱情的天敌，面对爱要勇敢地追求

爱，拒绝犹豫、观望。唯有勇敢地付诸行动，才有希望撷取它的甘美。许多时候，含蓄的天性，让我们总是不敢说爱，不好意思示爱，却往往失去了爱；等到失去了，错过了机会，一切都难再从头开始，难过、失落与伤怀，都很难被抚平。

一天，一个女子造访一位著名的哲学家。

她说："让我做你的妻子吧。错过我，你再也找不到比我更

爱你的女人了！"哲学家很中意她，但仍回答说："让我考虑考虑！"事后，哲学家用他一贯研究学问的精神，将结婚和不结婚的好与坏分别列出，才发现，好坏均等，真不知该如何抉择。于是，他陷入长期苦恼中，无论他找出什么新的理由，都只是徒增选择的困难。最后，他得出一个结论：人若在面临选择而无法取舍时，应选择自己未经历过的那一个，不结婚的处境我是清楚的，但结婚会是个怎样的情况，我还不知道。对！我该答应那个女子的请求。

哲学家来到那个女子的家中，对她的父亲说："你的女儿呢？请你告诉她，我决定娶她为妻！"女子的父亲冷漠地回答："你来晚了10年，我女儿现在已经是3个孩子的妈妈了。"

哲学家听了几乎崩溃，抑郁成疾。

不是爱情没有光顾哲学家，只是在它到来的时候，哲学家在犹豫，没有抓住机会。但是机会一去不复返，谁都不会站在原地进行等待，所以，当遇到自己真正爱的人时，一定要告诉他，他对你很重要。

荷兰足球明星克鲁伊夫曾5次被评为荷兰"足球先生"，3次被评为欧洲"足球先生"。他风度翩翩，言谈举止十分优雅。他曾收到许多姑娘的情书，但他没有理会，因为他要在绿茵场上奔跑。一次，他收到一个用裘皮精装的日记本。每一页上都只有一个名字，他自己亲笔写的名字——克鲁伊夫。一直翻到最后才有一篇文章，那秀丽流畅的笔迹使克鲁伊夫惊诧不已，他一口气读完了它：

"……我已经看过你踢的 100 多场球，每一场都要求你签名，而且也得到了，我多么幸运啊！当然，对于拥有无数崇拜者的你来说，我是微不足道的一个，'爱是群星向天使的膜拜'，我多么希望你对我已经有一点印象啊……

"坦率地说，我爱你，这封信花了我整整一个星期，我曾经在月下彷徨，曾经在玫瑰园惆怅，也曾经在公园徘徊，好多次想直接告诉你，我毕竟才 19 岁，少女的羞涩仍不时漾上脸来，心中只有恐惧和向往……现在，爱神驱使我寄出了这个本子。

"……如果你不能接受我奉上的爱情，请把这个本子还给我，那上面'克鲁伊夫'的名字会给我破碎的心一半的慰藉，那另一半就是你，我多么想也得到那另一半啊……"

这封信的字里行间流露出的真挚感情，深深打动了克鲁伊夫，他终于留下了本子。一星期后，克鲁伊夫和丹妮·考斯特尔相会了，21 岁的世界足球明星和 19 岁的美丽姑娘一见钟情，成为一段佳话。

莎士比亚说，犹豫和怯懦是爱情的大敌，当爱来临，请勇敢地射出爱神之箭。如果心中有了爱的萌动，那么就要勇于表达你的爱。否则，白白浪费了机遇。默默地等待固然美好，但韶华易逝，时不我待，"莫待无花空折枝"。

## 你无法挑到"最优"的结婚对象

25岁的小静决定要把自己嫁出去,于是她发动亲戚朋友,让其帮忙介绍对象。亲朋好友们倒也热情,给她介绍了很多可选的对象。

然而,问题来了,待相亲的人数太多,怎样在众多对象中尽快地找到合适的男友呢?小静当然希望自己挑选的对象是足够好的,甚至是最好的。但要从众多人里面选出最好的一个并非易事,她该怎么做才能争取到这个结果呢?

正如弗洛姆在《爱的艺术》一书中指出的一样:"爱,不是一种本能,而是一种能力,可经有效的学习而获得。"那么,我们要如何培养爱的能力,来寻求到适合自己的爱人呢?也许你会觉得小静的苦恼很好解决,挑对象不就相当于挑篮子里的苹果吗?要从一篮苹果当中挑出一个最好的,逐个比较是最佳法则。

但约会和选苹果不一样,挑选苹果可以把两个拿起来比一比,苹果在同一个篮子里,而且在你的掌控之下,即是说这些苹果在同一时间、同一地点集合,等你检阅。但是,我们在挑选爱人的时候不可能把每个人都接触一遍,一个人在与你约会一次之后,你就必须作出决定是选择还是放弃,一旦你选择了一个,你就没有机会再约会别人了;而一旦你决定淘汰这个人,他就永远出局了。你不可能和每个候选者约会后,再把他们贴上排名的标签,收藏起来,最后才从里面挑最好的一个。

生活就是这样的,大多数情况下机会是不等人的,等你左挑右选,把一切都规划好了,人家可能早就成了别人的如意郎君。

我们每个人都和小静一样,希望能够挑选到最优秀的结婚对象。但是许多事实告诉我们,爱情里没有"最"这个字眼。

著名的思想家、哲学家柏拉图问老师苏格拉底什么是爱情,老师就让他先到麦田里去摘一个全麦田最大最金黄的麦穗来,只能摘一次,并且只可向前走,不能回头。

柏拉图于是按照老师说的去做了,结果他两手空空地走出了麦田。老师问他为什么没摘,他说:"因为只能摘一次,又不能走回头路,其间即使见到最大、最金黄的,因为不知前面是否有更好的,所以没有摘;走到前面时,又发觉总不及之前见到的好,原来最大、最金黄的麦穗早已错过了。于是,我什么也没摘。"

老师说:"这就是爱情。"

之后又有一天,柏拉图问他的老师什么是婚姻,他的老师就叫他先到树林里,砍下一棵全树林最大、最茂盛、最适合放在家中庭院里的树。其间同样只能砍一次,以及同样只可以向前走,不能回头。

柏拉图于是照着老师说的话做。这次,他带了一棵普普通通,不是很茂盛,亦不算太差的树回来了。老师问他:"怎么带这棵普普通通的树回来呢?"他说:"有了上一次的经验,当我走了大半路程还两手空空时,看到这棵树也不太差,便砍了,免得最后又什么也带不回来。"老师说:"这就是婚姻!"

我们不得不承认,完美的爱情和婚姻是很难得到,而我们在挑选另一半的时候能够尽量做到的,是尽量通过家人、朋友了解关于异性的信息,在信息尽可能完全的状况下选择适合自己的对象——而一旦选择,那么,就要像砍树的柏拉图一样,带着你自己挑选的那棵树坚定地走出来。

## 婚姻还是要"门当户对"

童话故事里,美丽的公主爱上了穷书生,高傲的王子爱上了灰姑娘;偶像剧中,平凡的女一号总能邂逅富家公子,上演各种煽情浪漫的片段⋯⋯在我们心中,这样的爱情才是人世间最传奇、最浪漫的爱情。

而如果说起"门当户对"这个话题,你或许会毫不犹豫地打断说,这都是"老封建"思想在作怪。在"一切皆有可能"的e时代,早已是自由恋爱时代,爱情至上的我们哪里还需要考虑什么"门当户对"啊?

从经济学的角度看,经济基础决定上层建筑,爱情婚姻当然也应该由经济基础来决定。

但是，现代婚姻的门当户对已不仅指社会地位、经济地位的门当户对，更重要的是婚姻的双方在知识水平、思想境界、审美趣味等各方面的情投意和。也就是说，门当户对不能只关注家庭出身、学历、职业，志趣、爱好也要相对应，即人们常说的"般配"（资源合理配置）。只有双方能平等相待，能经常进行心灵沟通，不断地给对方惊喜与浪漫、激情与智慧，让生活充满了活力，才能将婚姻维持得更加长久。反之，学历思维方式太大难以沟通，志趣不投无法交流，观念差别太大人格难以平等。

　　童话故事总是以历经千辛万苦的王子和公主终于走到了一起作为结局，"从此以后，王子与公主过上了幸福的生活"的结局留下的却是未来的未知。婚姻不同于恋爱，双方的想法、习惯会有很大差距，婚后一定会显露出来，如果一方不肯或无法改变，迟早会出现矛盾。试想，如果"泰坦尼克"号不沉没，让长期在一个贵族世家生活的小姐和一个底层小子生活在一起，会一点矛

盾都不产生吗？也许童话故事告诉我们应该打破一些固有的条件拥护爱情，但也提醒我们更应该透过客观条件去看对方与我们是否有等同的价值观、共同的生活追求，以及共同努力创造美好生活的毅力和勇气，此即婚姻要讲究"门当户对"的道理。

## 不要在家里和办公室里想同样的问题

很多妇女要求离婚的一个主要原因是她们丈夫因为工作而忽视了她们，忽视了家庭生活，这让她们感到痛苦。他们的心思全都在工作上，回到家脾气暴躁，对家人冷漠无情。有这样的丈夫，即使妻子是天使，也无法创造幸福的家庭生活。其实，面临工作压力的人们往往下意识犯了一个错误：在公共场所兴致勃勃，富有魅力，一踏进家门就变得脾气古怪，面目可憎，令人难以忍受。他们误以为自己有权利把家人当作出气筒，在工作中，有人伤害了他们，他们却迁怒于自己的家人，以此来消气，在家里冷若冰霜，难见笑容。回到家就吹毛求疵，是完全不珍惜家人创造美好家庭生活的表现。

有这样一个男人，他一回到家就对无怨无悔地爱着他的妻子咆哮，却不知道妻子在家的辛苦。妻子整日待在家照顾孩子，甘愿承担着家务劳动的辛苦和烦恼，还兴冲冲地等待着他回家。为了丈夫和孩子,她把自己的家装点成世界上最洁净、最温馨的地方。她盼望着丈夫回来。他回来了,却因为自己工作中的不如意,工作中的不满和疲惫,甩给妻子一张充满怨气的脸。他抱怨着走进门,孩子都吓得躲到一边。后来,他竟然还感到很奇怪:为什么他的孩子不再像以前那样欢闹着扑到他的怀里?为什么他的家庭不再像以前那样温暖?为什么他的妻子不多为他着想?

这样的丈夫抱怨自己的家庭生活不够和谐。他们认为,如果能得到家庭的鼓励和支持,得到他渴望的和谐生活,那么自己的事业就会更成功。

在一个家庭中,不管是工作中的丈夫还是妻子,不管你的工作是否如你所愿,都不要把工作的烦恼带回家。这样只会浪费你的时间和精力,让你的家人陷于担忧和愤怒之中,而不会对你解决工作中的问题有任何帮助。

如果你养成了把所有困扰你、让你烦恼的工作和忧虑留在办公室的习惯,把所有这些问题在办公室里解决好,那么,你会发现你的家庭生活是多么的幸福啊!对你来说,家会成为最幸福、最温馨、最甜蜜的地方。你会发现,这是你最正确、最划算的投资,这项投资甚至要胜过你在工作中的任何投资。

如果你和孩子们四处嬉戏,或者与家人一起玩乐,过一个快乐的晚上,不去理会明天会发生什么,那么,第二天,你会发现自己更加充满活力。你将变得更强壮、更灵活,手头的工作也似乎变得更容易。你应该把家看作一个可以让你彻底从工作的劳累、紧张和痛苦中获得解脱的地方；看作一个你永远渴望的地方，一个你从不曾想离开的地方；看作一个可以远离生活压力的地方；看作一个可以逃离混乱、回归宁静与和谐的地方，而不是你制造混乱和不幸的地方。

## 甜言蜜语，正确选用可有效传情达意

夫妻间的甜言蜜语，实际上就是充满感情的言语交流。许多关系冷漠的夫妻，他们的共同之处就是相互间语言太苍白，太没人情味了，以致情感冷却，甚至走到家庭破裂的边缘。所以，情感语言的交流对于夫妻双方来说比恋爱时的谈情说爱更为重要。

"你这身打扮，真帅，让我好好看一看。"
"我怎么觉得跟你说一辈子的话也说不够呢。"
"你这两天太辛苦，咱们出去吃一顿吧。"
"拥有你是我最大的福气。"
"你脸色不大好，身体哪儿不舒服吗？"
"你不要对我这么凶，好吗？我很伤心。"
"这个家没有你，简直就难以想象。"
……

总之，女人要把心中的爱通过语言表达出来，让他时刻体会到你深爱着他，并时时创造一种美妙的生活环境愉悦他，那样你们的感情会一天比一天深厚，他对你的爱也会一天比一天深。

不要以为甜言蜜语只能从男人的口中说出来，女人也应该不失时机地对男人说一些让他高兴的话，因为无论男人还是女人都需要心灵的滋养，只不过女人的方式与男人有所区别。

妻子常对丈夫说："晚上，你不在家里我害怕。"这的确是一句很管用的话。它满足了男子汉作为家庭保护神的自尊，也表达了女人对男人的依恋之情，也委婉地暗示了妻子深爱着丈夫、生怕被别的女人抢走的心理。如何赢得男人的爱，怎样才能让男人高兴，也是一门艺术。

你平常所使用的言语，可以说是把你的心思及想法改变了一下形状，然后才把它们表现出来的。因此，你对于自己每天所使用的言语，必须考虑再三，而后才使它派上用场。

请你估计一番，下面列举的言语之中，你到底对你所爱的人使用了多少？

"我毕生只爱你这个男人。"

"我依偎在你身旁，就会感觉无比幸福。"

"对于我来说，你就是一切，什么东西也换不了。"

"你是一个非常了不起的人。"

"我深知你的内心，我无时无刻不在关心你。"

"只要和你生活在一起，我就感到心满意足了。"

只要是你想对他说的由衷的亲切、喜爱之情，都可以添一些"甜味剂"，把它表达出来。与他久别重逢时你可以讲："好像在做梦，多么希望永远不要清醒。"你以充满爱意的眼神望着他："总是惦念着你！别的事我一概不想……我感觉，好像一直跟你在一起。"这是"无法忘怀、时时忆起"的心境，只要谈过恋爱的男女，一定有此体验。除了他以外，任何事都不放在眼中，总是想念着他。上面那句话不用怕羞，可以反复使用。相爱之初，热烈的甜言蜜语绝对不会使人感到厌烦，他也许还认为不够呢！

"你喜欢我吗？"你不妨大胆地问他。

"说说看，喜欢到什么程度？"或用这样的语气追问。

"请你发誓，永远爱我！"甚至你单刀直入地这样对他撒娇说。

有很多女性使用如此甜蜜的词句接二连三地向男性表示"永远不变的纯真爱情",自己便会沉浸在自我陶醉之中,而男性的反应也会是积极的。

在社会活动中,男性总喜欢被人发现自己存在的价值,恰当地运用甜言蜜语,使他感受到自己的价值,可以使两人之间的爱情温度逐渐升高。

如果你希望爱情之树常青,就不要吝惜你的甜言蜜语,它会使你的爱情之路更为平坦、顺畅。

## 以柔克刚,该示弱时就示弱

网上曾流行这样一段话:"女人读书不宜多,大专生是小龙女,本科生是黄蓉,研究生是赵敏,博士生是李莫愁,博士后是灭绝师太。"更有女人曾这样感叹:现实生活中,女人的能力总是和她的幸福成反比。

在如今的许多剩女中,不乏好强心重的女强人。她们怎么也想不明白:为什么大方善良,长相也不算难看的自己总是为他着想,却总是被恋爱和婚姻抛弃?那是因为,太强势的女人会让男人生畏的,你力大无比,你才识过人,你样样精明,那还要男

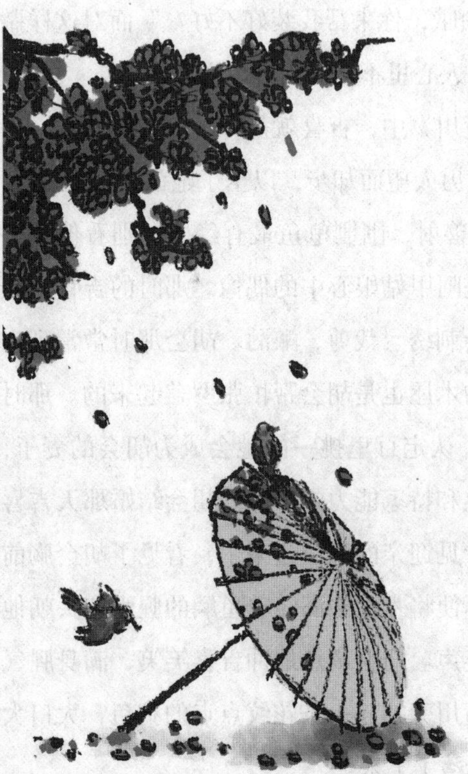

人做什么？在男人的心目中，女人终究是娇弱的形象。女人太要强，能力太强，往往让男人望而却步。

在男人心目中，自己是刚强如铁的形象，女人是小鸟依人的柔弱姿态，爱情中，男人天生的使命即呵护小女人。男人喜欢被女人需要，觉得那是一件很幸福的事情，他们总是乐于为心爱的女人做任何的事情。所以聪明的女人你要知道在适当的时候向他示弱，自己明明可以做得到的事情，也要装着不会做，对男朋友说："电脑装个系统好麻烦哦，你来帮我装好不好？"面对这样撒娇示弱的小女人，哪个男人心里不会生出怜惜之心？

在迟子建的小说《逝川》中，吉喜就是一个好强的女人，正是因为她的能力太强，让男人望而却步，以至于她孤老一生。

"年轻时的胡会能骑善射，围剿龟鱼最有经验。别看他个头不高，相貌平平，但却是阿甲姑娘心中的偶像。那时的吉喜不但能捕鱼、能吃生鱼，还会刺绣、裁剪、酿酒。胡会那时常常到吉喜这儿来讨烟吃，吉喜的木屋也是胡会帮忙张罗盖起来的。那时的吉喜有个天真的想法，认定百里挑一的她会成为胡会的妻子，然而胡会却娶了毫无姿色和持家能力的彩珠。胡会结婚那天吉喜正在逝川旁剖生鱼，她看见迎亲的队伍过来了，看见了胡会胸前戴着的愚蠢的红花，吉喜便将木盆中满漾着鱼鳞的腥水兜头朝他浇去，并且发出快意的笑声。胡会歉意地冲吉喜笑笑，满身腥气地去接新娘。吉喜站在逝川旁拈起一条花纹点点的狗鱼，大口大口地咀嚼着，眼泪簌簌地落了下来。"

胡会曾在某一年捕泪鱼的时候告诉吉喜他没有娶她的原因。胡会说:"你太能了,你什么都会,你能挑起门户过日子,男人在你的屋檐下会慢慢丧失生活能力的,你能过了头。"

吉喜恨恨地说:"我有能力难道也是罪过吗?"

吉喜想,一个渔妇如果不会捕鱼、制干菜、晒鱼干、酿酒、织网,而只是会生孩子,那又有什么可爱呢?吉喜的这种想法酿造了她一生的悲剧。在阿甲,男人们都欣赏她,都喜欢她酿的酒、她烹的茶、她制的烟叶,喜欢看她吃生鱼时生机勃勃的表情,喜欢她那一口与众不同的白牙,但没有一个男人娶她。逝川日日夜夜地流,吉喜一天天地苍老,两岸的树林却越发蓊郁了。

男人天生有英雄情结,不管多么懦弱的男人,都希望在女人面前充满力量,以满足自己天生的保护欲。男人为什么喜欢那种小鸟依人的女人呢?因为小鸟依人的女人藏起了她的力量,掩盖了她的才识。这种女人精明就精明在她会示弱,让男人觉得自己是高大的、不可或缺的。所以,女人不要总以女强人的身份出现,适当在男人面前示示弱,或许就不至于吓跑你的王子。

## 别把对方的爱视为理所当然,爱需要相互付出

他从乡间给她带来一袋玉米,她煮了一个吃,饱满糯甜。他

看到她那副沉醉的样子，笑了。

她对他最初的感动，是缘于他耐心的等待。因为要带学生上晚自习，夜黑，她和他约好了在一个路灯口下见，然后一起走。

于是，很多个晚上，当她匆匆地赶在路上时，隔不远便可看见一个清瘦的男孩子静静地立在灯下——差不多每次都是他等她。

有一个晚上，不知为什么，她迟到了将近两个小时，最后急急地赶到那里时，原以为他一定走了，不料他仍如往日一样在那里静静张望。

这一刹那，便成为她日后柔情涌动的回忆。

他一直很宠她。他的至诚让她相信，他们的爱是可以恒久的。

这一阵子，学区要举行教学比武大赛，她作为学校的代表之一开始忙碌起来。

于是和他的见面少了，电话少了。他心疼她，老跟她说不要太累了。她心里甜蜜，却又急急地要结束对话，说好了，好了，要做事去了。

其实也不是真的忙得没有一点空隙。在空闲的时间里，她也想着要见他，要跟他说话。转而又想：爱情握在手心，是这样的平实与温暖，飞不走的。

忙完之后，再去找他，却渐渐地发现了他的冷淡。

她开始不安地感觉到有一种美好正悄悄消逝。她的不安一天天地扩大，直到那天，他平静地说：分手吧。她拽住他的衣角追问自己做错了什么，她可以改……他说没有谁错，然后轻轻挣脱。

她不明白曾经是那样一份令她放心的爱情,怎会说走就走呢?

一个人愣着睡不着。半夜经过厨房,蓦地想起冰箱里的玉米,他给她带来的。

她煮了一个吃。玉米已是干瘪无味,全无先前的饱满糯甜,像是在无声地谴责她的遗忘。

她忽然潸然泪下。她所忽视的恰是她珍爱的,她的爱情不正如这玉米一样被她搁置得太久了?

关于爱情有一个老得掉渣的命题:你要找一个爱你的人,还是要找一个你爱的人?都说人在爱情里总是会变得自私,因为被关注,被宠爱的感觉是那么美妙。当对方的付出变成了一种习惯,我们的索求也就成为一种理所当然的态度。爱情从一开始便是两个人的事情,从来没有一个人能够演绎长久的爱情,因此,爱情中的双方应当在付出与索取间寻找一种微妙的平衡。只有付出没有索取的爱情,或是只有索取没有付出的爱情,到头来只会令人心力交瘁。

爱情是不按逻辑发展的,所以必须时时注意它的变化。爱是会枯萎的,所以必须不断地浇灌。爱情是情感开出的最美的花朵。花无千日红,再美的花朵失了灌溉到头来也会枯萎,所以总是有人说,对爱情要善于经营。这"经营"二字浓缩了多少奥妙,它意味着对彼此的付出;意味着时时关注,处处留心;意味着从每一日的平常小事中感受对方的真诚与用心；意味着在适当的时候给对方以回报。相信用付出与感恩的甘露浇灌，你的爱情之花会开得持久而绚烂。

图书在版编目（CIP）数据

舍得：经营人生的智慧/文德编著.--北京：中国华侨出版社，2017.12（2020.4重印）
ISBN 978-7-5113-7165-2

Ⅰ.①舍… Ⅱ.①文… Ⅲ.①人生哲学—通俗读物 Ⅳ.① B821-49

中国版本图书馆 CIP 数据核字（2017）第 270800 号

## 舍得：经营人生的智慧

编　　著：文　德
责任编辑：江　冰
封面设计：冬　凡
文字编辑：胡宝林
美术编辑：杨玉萍
插图绘制：袁小乱
经　　销：新华书店
开　　本：880mm×1230mm　1/32　印张：6　字数：150 千字
印　　刷：三河市华成印务有限公司
版　　次：2018 年 1 月第 1 版　2021 年 10 月第 6 次印刷
书　　号：ISBN 978-7-5113-7165-2
定　　价：30.00 元

中国华侨出版社　北京市朝阳区西坝河东里 77 号楼底商 5 号　邮编：100028
法律顾问：陈鹰律师事务所
发 行 部：（010）58815874　　　传　　真：（010）58815857

如果发现印装质量问题，影响阅读，请与印刷厂联系调换。